Aus Natur und Geisteswelt
Sammlung wissenschaftlich-gemeinverständlicher Darstellungen

301. Band

Die Maschinenelemente

Von

Richard Vater
weil. Geh. Bergrat, ordentl. Professor
an der Technischen Hochschule Berlin

Vierte erweiterte Auflage
bearbeitet von
Dr. Fritz Schmidt
Privatdozent an der Technischen Hochschule Berlin

17. bis 21. Tausend

Mit 183 Abbildungen im Text

Springer Fachmedien Wiesbaden GmbH 1921

ISBN 978-3-663-15521-8 ISBN 978-3-663-16093-9 (eBook)
DOI 10.1007/978-3-663-16093-9

Schutzformel für die Vereinigten Staaten von Amerika:
Copyright 1921 by Springer Fachmedien Wiesbaden
Ursprünglich erschienen bei B.G. Teubner Leipzig 1921

Alle Rechte, einschließlich des Übersetzungsrechts, vorbehalten.

Vorwort zur ersten bis dritten Auflage.

Dem Ziele, welches die Sammlung verfolgt, glaubte ich am nächsten zu kommen, wenn ich von einer **Berechnung** der Maschinenelemente vollständig Abstand nahm — mit ganz geringen Ausnahmen, wo sich eine Berechnung in einfachster Weise bewerkstelligen ließ — und dafür mit Hilfe einer großen Zahl teils schematischer, teils photographischer Abbildungen einem möglichst weiten Leserkreise Verständnis für die hauptsächlichsten Maschinenelemente und ihre Anwendung in der Praxis zu übermitteln strebte. Nicht zum wenigsten dachte ich dabei an unsere jungen Studierenden der technischen Hochschulen, Bergakademien usw., denen nach dem Verlassen der Schule während ihrer praktischen Beschäftigungszeit vor Beginn des eigentlichen Fachstudiums eine Fülle von technischen Ausdrücken begegnet, über welche sie sich kurz zu unterrichten wünschen, ohne auf alle Einzelheiten, insbesondere auch ohne auf die Berechnung der einzelnen Teile einzugehen. Ich hoffe und glaube, daß gerade ihnen das vorliegende kleine Buch erwünscht und von Nutzen sein wird, so daß ihnen später während ihres Studiums das Verständnis für dieses Gebiet wesentlich leichter fallen wird.

Eine von geschätzter Seite angeregte Behandlung der Grundgesetze der Festigkeitslehre erwies sich leider ohne wesentliche Überschreitung des zur Verfügung stehenden Raumes als unmöglich.

Berlin, im Januar 1919.

Rich. Vater.

Vorwort zur vierten Auflage.

Das vorliegende Buch des verstorbenen verdienstvollen Verfassers, Geheimen Bergrates Professor R. Vater, hat in seiner neuen Auflage den mehrfach geäußerten Wünschen entsprechend eine Neubearbeitung und — soweit es die gesteckten Ziele der Sammlung ANuG zuließen — eine Erweiterung erfahren. Besonderer Wert wurde wie bisher auf eine möglichst übersichtliche Darstellungsweise sowie auf einfache und klare Abbildungen gelegt.

Möge das Buch auch in seiner neuen Auflage allen jenen, die sich über die hauptsächlichsten Maschinenelemente und ihre Anwendung in der Praxis in kurzer Zeit zu unterrichten wünschen, von Nutzen sein.

Berlin, im September 1921.

Dr. Fritz Schmidt.

Inhaltsverzeichnis.

I. Verbindende Maschinenteile.

	Seite
Unlösbare und lösbare Verbindungen	7
1. Keile	7
Allgemeines	7
Querkeile	9
Längskeile	9
Nut und Feder	10
2. Niete	11
Die Niete und ihre Verwendung	11
Nietverbindungen	12
Hand- und Maschinennietung	13
Verstemmen der Nietnaht	15
3. Schrauben	15
Erläuterungen	15
Scharfgängige und flachgängige Schrauben	16
Eingängiges und mehrgängiges Gewinde	17
Rechts- und linksgängige Schrauben	17
Schraubensysteme	18
Schraubensicherungen	20

II. Maschinenteile der drehenden Bewegung.

	Seite
1. Zapfen	21
Allgemeines	21
Tragzapfen, Spurzapfen	22
Andere Arten von Zapfen (Halszapfen, Kugelzapfen, Kammzapfen)	23
2. Achsen und Wellen	24
Allgemeines	24
Hohle Achsen und Wellen	24
Form der Achsen und Wellen	25
3. Kuppelungen	27
Erklärungen	27
Feste Kuppelungen	27
Bewegliche Kuppelungen	28
Ausrückkuppelungen	30
4. Lager	31
Allgemeines	31
Gleitlager	32
Einzelheiten der Traglager	32
Verstellbarkeit der Lagerschalen	34
Kugellager	36
Rollenlager	39
Lagerschmierung	39

III. Räder.

	Seite
Einleitung. Erklärungen und Bewegungsgesetze	41
Allgemeines	41
Unmittelbar sich berührende Räder	41
Räder, welche sich nicht unmittelbar berühren	42
Wichtige Sätze	43
a) Unmittelbar sich berührende Räder	45
1. Reibungsräder	45
2. Zahnräder	46
Allgemeines	46
Verzahnungsgesetz	47
Andere wichtige Gesetze	48
Erklärung	48
Form der Zahnflanken	48
Zykloiden- und Evolventenverzahnung	49
3. Zahnräder besonderer Art	50
Zahnstangen	50
Kegelräder	51
Pfeilräder	51
Schraube ohne Ende	53
Schraubenräder	54

Inhaltsverzeichnis

b) **Räder zur Kraftübertragung mittels Zugorganen** ... 54
1. Vorbemerkungen ... 54
   Allgemeines ... 54
   Treibende und getriebene Scheiben ... 55
2. Riementrieb ... 55
   Der Riemen ... 55
   Riemenabmessungen ... 56
   Riemengeschwindigkeit ... 57
   Berechnung eines Riemens ... 58
   Ballige Riemenscheiben ... 59
   Gekreuzte und geschränkte Riementriebe ... 60
   Spannrollen ... 61
   Los- und Festscheiben ... 62
   Wendegetriebe ... 63
   Stufenscheiben ... 64
3. Drahtseiltrieb ... 66
4. Hanfseil- und Baumwollseiltrieb ... 67
   Allgemeines ... 67
   Berechnung eines Hanfseiltriebes ... 69

IV. **Maschinenteile zur Umänderung einer geradlinigen in eine kreisförmige Bewegung und umgekehrt. (Kurbelgetriebe.)**
1. Zylinder ... 72
2. Kolben ... 73
   Allgemeines ... 73
   Scheibenkolben ... 74
   Tauchkolben ... 75
3. Kolbenstangen ... 76
4. Stopfbüchsen ... 77
5. Geradführungen ... 79
6. Schubstangen ... 82
7. Kurbeln ... 83
8. Bauliche Abänderungen der Kurbel ... 85
   Kurbelschleife ... 85
   Exzenter ... 85

V. **Rohre.**
1. Gußeiserne Rohre ... 86
   Flanschenrohre ... 86
   Muffenrohre ... 87
   Normalien für gußeiserne Rohre ... 88
2. Rohre aus schmiedbarem Eisen ... 89
   Genietete Rohre ... 89
   Geschweißte Rohre ... 89
   Nahtlose Rohre ... 91
3. Kupfer-, Messing- und Bleirohre ... 92
4. Ausdehnungsvorrichtungen ... 93

VI. **Ventile.**
1. Einteilung und allgemeine Bauweise ... 94
2. Hubventile ... 96
   A. Absperrventile ... 96
   B. Selbsttätige Ventile ... 96
      Das einfache Ventil als Kegel-, Teller- und Kugelventil ... 98
      Mehrfache Ventile ... 100
      Mehrsitzige Ventile ... 100
      Stufen- oder Etagenventile ... 101
   C. Gesteuerte Ventile ... 101
3. Klappenventile ... 102
4. Schieber ... 103
   Normalschieber ... 103
   Drehschieber ... 104
   Hähne ... 104
5. Ventile zu besonderen Zwecken ... 104
   Sicherheitsventile ... 104
   Druckverminderungsventile ... 105
   Drosselventile ... 106
   Rohrbruchventile ... 107

Sachregister ... 109

I. Verbindende Maschinenteile.

Unlösbare und lösbare Verbindungen. Wenn im Maschinenbau die Bedingung gestellt wird, einzelne Teile, welche später ein mehr oder minder starkes Ganzes bilden sollen, miteinander zu verbinden, so hat man sich zunächst darüber klarzuwerden, ob diese Verbindung dazu bestimmt ist und befähigt sein soll, dauernd, d. h. während der ganzen Verwendungszeit des Gegenstandes, dieselbe Form beizubehalten, oder ob die Verbindung die Möglichkeit bieten soll, ohne Zerstörung irgendeines Verbindungsteiles gelegentlich wieder einmal gelöst zu werden. Demgemäß unterscheidet man zwischen unlösbaren und lösbaren Verbindungen. Sieht man ab von einer Verbindung durch Schweißen und Löten, da hierbei die im eigentlichsten Sinne des Wortes unlösbare Verbindung nicht durch besondere Maschinenteile erfolgt, so versteht man unter unlösbaren Verbindungen diejenigen, welche durch Nieten hergestellt werden, während Keile und Schrauben die Hilfsmittel zur Erzielung lösbarer Verbindungen darstellen. Die Blechplatten eines Dampfkessels, eines Gasbehälters, die Träger und Blechplatten einer großen Gitterbrücke, sie alle sind dazu bestimmt, solange der Kessel, der Gasbehälter, die Brücke ihrem Verwendungszwecke dient, nicht voneinander getrennt zu werden, sie werden daher miteinander vernietet. Der Deckel eines Dampfzylinders dagegen muß zeitweise abgenommen werden, um das Innere des Zylinders zu Reinigungs- und anderen Zwecken zugänglich zu machen; seine Anfügung an den Zylinder kann daher nur durch eine lösbare Verbindung, z. B. durch Schrauben, erfolgen.

1. Keile.

Allgemeines. Es liege die Aufgabe vor, in einem z. B. an der Decke befestigten Maschinenteile a (Abb. 1) eine Stange b zu befestigen, welche durch ein schweres Gewicht belastet ist. Dabei soll die Möglichkeit vorliegen, diese Stange bisweilen ohne Schwierigkeit herauszunehmen. Die Abbildung zeigt, wie diese Aufgabe sich lösen läßt: a sowohl wie b erhalten einen länglichen, oben und unten abgerundeten

I. Verbindende Maschinenteile

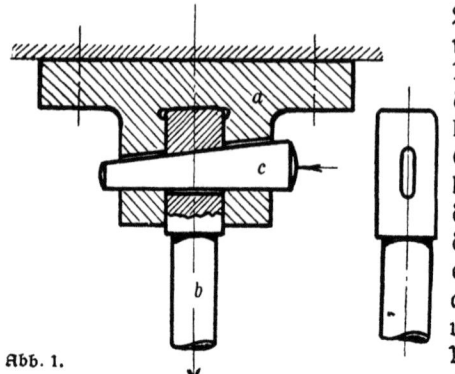

Abb. 1.

Schlitz. Durch diesen gemeinsamen Schlitz wird ein Keil c hindurchgesteckt, der durch Schläge auf seine breitere (in der Abb. rechte) Endfläche möglichst weit hineingetrieben wird, bis die Stange auf dem Grunde des Loches aufsitzt. Man erkennt leicht, daß ein Herausnehmen der Stange und damit eine Lösung der Verbindung ohne Schwierigkeit durch Herausschlagen des Keiles ermöglicht ist. Man erkennt aber auch, daß, falls die Stange b in dem zugehörigen Loche reibungsfrei sitzt, die ganze Festigkeit der Verbindung nur auf der Beibehaltung der Länge des Keiles beruht, der Keil also nicht etwa selbsttätig durch die belastete Stange nach rechts hinausgedrückt wird.

Dieser Fall könnte eintreten, wenn die Verjüngung des Keiles oder, wie man sagt, wenn sein „Anzug", d. h. das Verhältnis $\frac{h}{l}$ (Abb. 2), zu groß ist. Abb. 3 zeigt diesen Fall bei einem Keilstumpf schematisch in übertriebener Weise. Ist der Teil b mit Q kg belastet und tritt infolge großer Reibung eine Bewegung zwischen b und c nicht ein — man sagt, es herrscht Gleichgewicht —, so läßt sich nach dem bekannten Satze der Mechanik von dem Parallelogramm der Kräfte die Kraft Q in beliebiger Weise zerlegen, z. B. in eine (hier nicht in Betracht kommende) Kraft P senkrecht zur Keilfläche und in eine Kraft R parallel zur unteren wagerechten Fläche. Die Kraft R stellt dabei nichts anderes dar als denjenigen Betrag der Reibung, welcher eine Bewegung des Keiles c nach rechts verhindert, falls eine Bewegung

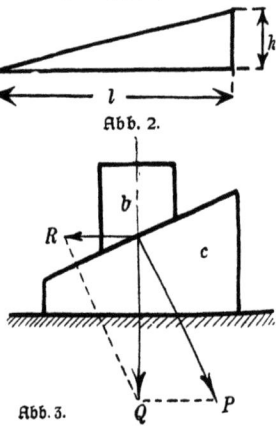

Abb. 2.

Abb. 3.

Keile, Querkeile, Längskeile

des Teiles b nach links aus irgendwelchem Grunde nicht eintreten kann. Je stärker nun der Anzug des Keiles ist, um so größer wäre (im Falle des Gleichgewichtes) R, um so mehr liegt aber die Gefahr vor, daß die Reibung nicht groß genug ist, um einer so großen Kraft R das Gleichgewicht zu halten. Tritt dieser Fall ein, so wird der Keil nach rechts hinausgetrieben und damit im Falle der Abb. 1 die Verbindung selbsttätig gelöst.

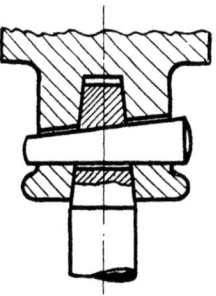

Abb. 4.

Ganz besonders ist hierauf zu achten, falls die Stange b nicht eine ruhende, nur nach einer Richtung wirkende Kraft auszuhalten hat, sondern wenn entweder Erschütterungen auftreten können, oder, wie z. B. bei den Kolbenstangen der Wärmekraftmaschinen, wenn die Stange bald auf Zug, bald auf Druck beansprucht wird. In solchen Fällen ist es zweckmäßig, das Ende der Stange sowie natürlich auch die zugehörige Höhlung leicht kegelförmig zu gestalten (Abb. 4), damit durch das Eintreiben des Keiles die Stange fest in die kegelförmige Öffnung hineingepreßt und somit schon infolge der hierdurch entstehenden Reibung ein Festhalten der Stange erreicht wird.

Bei den bisher besprochenen Keilen liegt die Achse stets senkrecht zur Achse der zu verbindenden Maschinenteile; man nennt sie daher **„Querkeile"**, und zwar entweder Keile mit „einfachem Anzug" (Abb. 1 u. 4) oder mit „doppeltem Anzug" (Abb. 5).

Längskeile. (Befestigung von Rädern auf Wellen.) Handelt es sich darum, Räder irgendwelcher Art, z. B. Riemenscheiben, Zahnräder oder auch Kurbeln, Hebel, d. h. sich drehende oder schwingende Maschinenteile auf einer runden Welle durch eine lösbare Verbindung so zu befestigen, daß ein Verdrehen des Rades, der Kurbel ... gegenüber der Welle nicht möglich ist, dann verwendet man sogenannte „Längs- oder Flachkeile". Bei ihnen fällt die Keilachse in die Richtung der Achse der zu verbindenden Teile. Abb. 6 und 7 zeigen solche Längskeile, und zwar Abb. 6 mit einer „Keilnase" n zum besseren Ein- und Austreiben des Keiles, Abb. 7 ohne

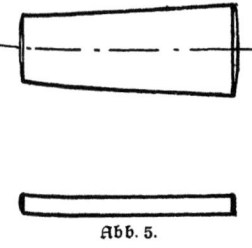

Abb. 5.

I. Verbindende Maschinenteile

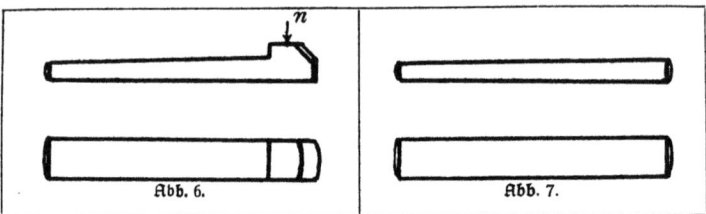

Abb. 6.   Abb. 7.

Nase. In Abb. 8 ist die Befestigung einer Riemenscheibe auf einer runden Welle im Schnitt und in der Ansicht dargestellt.

Gleichlaufend mit der Achse der Welle ist an ihrem Umfange ein Stahlstab c von meist rechteckigem Querschnitte so eingelassen, daß er etwa zur Hälfte in der Welle versenkt ist. Der über die Oberfläche der Welle hinausragende Teil des Stahlstabes greift in eine entsprechende Nut der ausgebohrten Nabe und überträgt auf diese Weise eine Drehung der Welle auf das Rad oder umgekehrt. Der Anzug des Keiles ist in diesem Falle äußerst gering und beträgt häufig nur Bruchteile eines Millimeters (meist etwa 1:100).

Um die Verbindung zu lösen, muß das Rad auf der Welle so weit verschoben werden, daß die Nabe in den auf der Welle festsitzenden Keil nicht mehr eingreift.

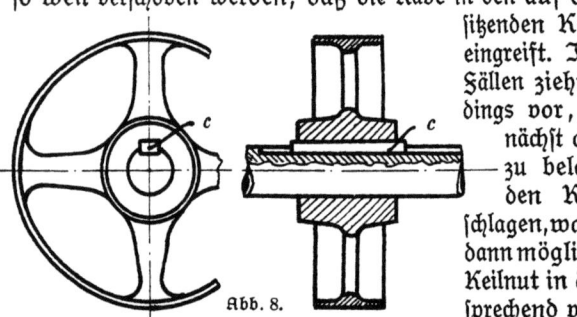

Abb. 8.

In den meisten Fällen zieht man es allerdings vor, das Rad zunächst an seiner Stelle zu belassen und erst den Keil hinauszuschlagen, was natürlich nur dann möglich ist, wenn die Keilnut in der Welle entsprechend verlängert ist.

Nut und Feder. Bei dieser Gelegenheit möge gleich eine Einrichtung erwähnt werden, die mit der eben erwähnten große Ähnlichkeit hat, ohne daß man von einer Keilwirkung sprechen könnte. Nicht selten kommen im Maschinenbau Fälle vor, wo Räder oder Scheiben auf einer Welle verschoben werden müssen, ohne daß während dieser Verschiebung die Bewegungsübertragung von Welle auf Rad oder umgekehrt aufhört. Man hat in einem solchen Falle nur nötig, den

Nut und Feder. Niete

„Keil" um so viel länger zu machen, als die Strecke beträgt, um welche das Rad auf der Welle verschoben werden soll. Natürlich muß in einem solchen Falle der „Anzug" des Keiles gleich Null sein, und ferner muß auch die in der Bohrung der Nabe befindliche Nut so genau gearbeitet sein, daß das Rad an jedem Punkte der Welle festsitzt, ohne zu schlottern. Der Keil trägt in einem solchen Falle den Namen **Feder**, und man spricht dann von einer Verbindung mittels Nut und Feder. Anwendung dieser Befestigungsart siehe z. B. Abb. 46 u. 47 auf S. 31 und Abb. 74 auf S. 46.

2. Niete.

Die Niete und ihre Verwendung. Unter Nieten versteht man zylindrische, aus vorzüglichem, zähem, schmiedbarem Eisen, seltener aus Kupfer oder Messing hergestellte Bolzen, welche an einer Seite mit einem Kopfe versehen sind, dessen Form je nach dem Verwendungszwecke verschiedene Formen und Abmessungen haben kann. Abb. 9 stellt die Form eines Niets vor seiner Verwendung dar. Sollen zwei Bleche a und b (Abb. 10) durch ein oder mehrere solcher Niete verbunden werden, so hat das in der Weise zu geschehen, daß zunächst einmal in beiden Blechen an genau aufeinander passenden Stellen Löcher von dem Durchmesser d des Nietbolzens durch Bohren oder Stanzen hergestellt werden. Das in der Regel glühend gemachte eiserne Niet wird durch das gemeinsame Loch hindurchgesteckt (Abb. 11) und hierauf durch Hämmern oder Pressen aus dem vorstehenden Teile des Bolzens ein neuer Kopf gebildet (Abb. 12), welcher einmal das Niet am Herausfallen hindert, dann aber auch die beiden zu verbindenden Bleche aufeinander preßt. Der im ursprünglichen Zustande des Niets vorhandene Kopf heißt der **Setzkopf**, der bei der Dernietung hergestellte neue Kopf der **Schließkopf** des Niets, den dazwischen liegenden Bolzen nennt man den **Nietschaft**.

Der Grund, warum Niete vor ihrer Verwendung glühend gemacht werden, ist ein doppelter. Zunächst soll dadurch erreicht

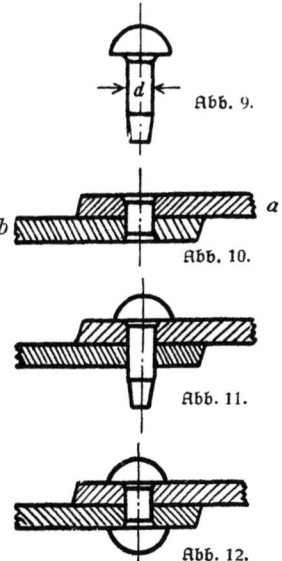

Abb. 9.

Abb. 10.

Abb. 11.

Abb. 12.

I. Verbindende Maschinenteile

werden, daß das Eisen weicher wird. Dies hat einmal den Vorteil, daß das Bilden des Schließkopfes bedeutend erleichtert wird, dann aber wird durch das Schlagen oder Pressen beim Bilden des Schließkopfes der Schaft stärker gestaucht, so daß er das Nietloch besser ausfüllt. Noch wichtiger ist der zweite Grund. Bekanntlich dehnt sich Eisen bei zunehmender Temperatur aus und verkürzt sich bei abnehmender Temperatur. Wird nun das Niet zum Bilden des Schließkopfes erwärmt, so zieht es sich nachher beim Erkalten zusammen und preßt dadurch die zu verbindenden Bleche mit großer Gewalt aufeinander. Die hierdurch erzeugte Reibung bewirkt, daß die vernieteten Bleche einer gegenseitigen Verschiebung großen Widerstand entgegensetzen, und gerade diese durch das Zusammenpressen erzeugte Reibung ist es, welche die Festigkeit einer Nietverbindung hauptsächlich beeinflußt. Allerdings gibt es auch Ausnahmen. Erfordert z. B. die Stärke der Bleche die Verwendung von Nieten von weniger als etwa 10 mm Durchmesser, so wird von einer Erwärmung der eisernen Niete meist abgesehen, da einmal derartig dünne Niete leicht im Feuer verbrennen, dann aber auch deshalb, weil bei der Vorzüglichkeit des Stoffes, aus dem die Niete hergestellt werden, sich Stauchen und Bildung des Schließkopfes hier auch im kalten Zustande ohne Schwierigkeit bewerkstelligen lassen.

Nietverbindungen. Sollen zwei Bleche miteinander vernietet werden, so kann das in zweierlei Weise geschehen. Der eine Weg ist der, daß man die beiden Bleche mit ihren Kanten übergreifend aufeinanderlegt, etwa so, wie dies oben in Abb. 10 erläutert wurde, und die Niete durch beide Bleche hindurchsteckt. Nietverbindungen dieser Art heißen Überlappungsnietungen. Sie haben den Vorteil der Einfachheit und Billigkeit, haben aber anderseits den Übelstand, daß die zusammengenieteten Bleche nicht in einer Ebene liegen. Diesen Übelstand vermeidet die zweite Art der Vernietung, welche in der Weise ausgeführt wird, daß die zu verbindenden Bleche a und b (Abb. 13 und 14) mit ihren Kanten „stumpf" aneinandergelegt werden. Über

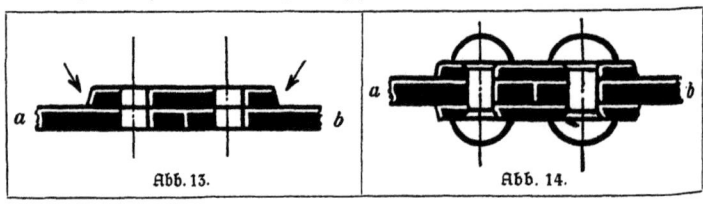

Abb. 13. Abb. 14.

Nietverbindungen. Hand= und Maschinennietung 13

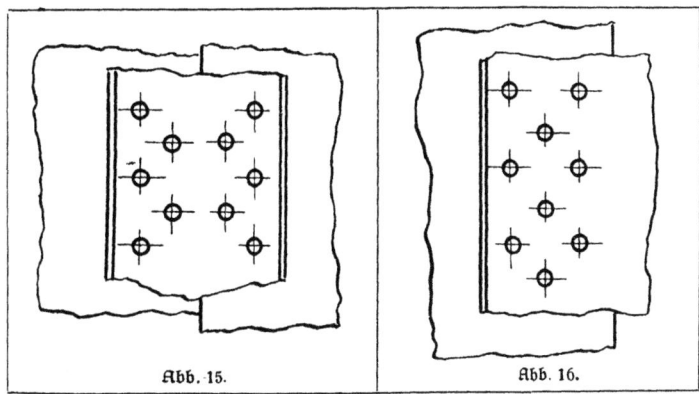

Abb. 15. Abb. 16.

die ganze Trennungsfuge wird nun auf einer Seite (Abb. 13) oder, wenn besonders große Festigkeit erzielt werden soll, auf beiden Seiten (Abb. 14) ein Blechstreifen („Lasche") gelegt und durch Niete mit den beiden Blechen verbunden. Derartige Verbindungen heißen dann einfache (Abb. 13) oder doppelte (Abb. 14) Laschennietungen.

Sind die zu verbindenden Bleche sehr stark, so wäre ein festes Aufeinanderpressen der Bleche und damit auch die Verhütung eines, wenn auch nur geringen Gleitens der Bleche aufeinander durch eine einzige Reihe von Nieten nicht zu erreichen. In diesem Falle sowie dann, wenn bei starken Blechen ein besonders dichter Abschluß zwischen den Blechen erzielt werden soll, z. B. bei Dampfkesseln für hohe Spannungen, ordnet man mehrere Reihen von Nieten nebeneinander an, wobei die einzelnen Nietreihen gegeneinander versetzt sind (Zickzacknietung). Abb. 15 zeigt eine zweireihige Laschennietung (auf jeder Seite der Trennungsfuge der Bleche befinden sich zwei Reihen von Nieten). Abb. 16 zeigt eine dreireihige Überlappungsnietung.

Hand= und Maschinennietung. Das Stauchen des Nietschaftes und die Bildung des Schließkopfes wurde früher ausschließlich mit der Hand ausgeführt in der Weise, daß nach Einstecken des glühend gemachten Niets in die vorbereiteten Löcher ein Arbeiter den Setzkopf mit einem schweren, als Amboß wirkenden Gegenstand stützte, während ein oder mehrere andere Arbeiter mit starken Hammerschlägen zuerst den Nietschaft stauchten, worauf dann mit Hilfe eines auf den heraustehenden Nietschaft aufgesetzten sogenannten Schellhammers

I. Verbindende Maschinenteile

Abb. 17.

(eines Hammers, der auf einer Seite eine dem fertigen Schließkopfe entsprechende Aushöhlung besitzt) der Schließkopf gebildet wurde. Später, als die zur Verwendung kommenden Bleche und damit auch die Niete immer stärker wurden, machte das richtige Stauchen und die Bildung des Schließkopfes solche Schwierigkeiten, daß man mehr und mehr dazu überging, die oben beschriebenen Vorgänge bei der Vernietung durch ine Maschine ausführen zu lassen. Heutzutage werden alle einigermaßen umfangreichen Vernietungen auch schon der Billigkeit wegen fast ausschließlich durch solche mit Druckwasser, Preßluft oder auch elektrisch betriebene Nietmaschinen ausgeführt. (Abb. 17[1]) zeigt das Bild, Abb. 18 das Schema einer Nietmaschine zum Betriebe mit Preßluft, wie sie von der Deutschen Niles-Werkzeugmaschinenfabrik in Oberschöneweide bei Berlin ausgeführt wird. Sie hat die Gestalt eines großen Hufeisens, dessen beide Schenkel an ihren Enden je eine Art Stempel tragen. Während aber der untere Stempel feststeht, ist der obere beweglich und wird gerade geführt durch eine Art Kolben (b, Abb. 18), der sich in einem Zylinder bewegt. Das Hinunterdrücken des Kolbens b und des mit ihm verbundenen, unter ihm befindlichen (in der Abb. der Deutlichkeit halber fortgelassenen) Stempels geschieht nun in folgender Weise: Wird der Preßluftkolben a (Abb. 18) nach links gedrückt, so dreht sich die (in Wirklichkeit doppelt ausgeführte) Lenkstange c um den festen Punkt d und zwingt dadurch den Kolben b vermittels der Lenkstange e, sich um das Stück h nach abwärts zu bewegen. Nach Erkalten des Nietes wird der Preß-

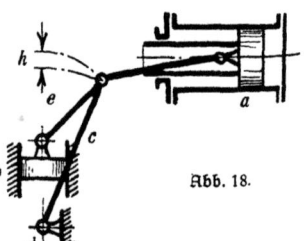

Abb. 18.

1) Aus einem Katalog der Fa. Deutsche Niles-Werkzeugmaschinenfabrik.

Verstemmen der Nietnaht. Schrauben   15

luftkolben wieder nach rechts gedrückt und dadurch der Kolben b und der mit ihm verbundene Nietstempel wieder gehoben.

Verstemmen der Nietnaht. Wenn man sich einer neuzeitlichen Kesselschmiede nähert, so hört man meist schon aus großer Entfernung einen ohrenbetäubenden Lärm. Dieser Lärm stammt zum größten Teil daher, daß, namentlich bei Verbindungen, welche nicht nur fest, sondern auch dicht abschließen sollen, wie z. B. bei Dampfkesseln, ein besonderes Verfahren nötig ist, um diesen Abschluß herbeizuführen. Dieses Verfahren besteht in dem sogenannten Verstemmen der Nietnähte und wird in der Weise ausgeführt, daß die zu diesem Zwecke etwas abgeschrägten Kanten der miteinander vernieteten Bleche (also z. B. die in Abb. 13 mit Pfeilen bezeichneten Stellen) ebenso wie auch die Ränder der Nietköpfe mit einem Instrument von der Form eines stumpfen Meißels bearbeitet werden. Durch ein solches Verstemmen wird außerdem der Gleitungswiderstand der Bleche und damit die Sicherheit der Verbindung erhöht. Früher geschah das Verstemmen der Nietnähte ausschließlich von Hand, indem der Meißel in Richtung der Pfeile (Abb. 13) auf die Kanten aufgesetzt und auf das andere Ende des Meißels mit einem Hammer Schläge ausgeführt wurden. Heutzutage verwendet man auch hierzu kleine Maschinen in Gestalt der sogenannten Preßlufthämmer, deren mit großer Geschwindigkeit aufeinanderfolgende Schläge das bekannte, bei fast jeder größeren Nietarbeit weithin hörbare knatternde Geräusch hervorrufen. Übrigens wird auch die Vernietung selber, namentlich bei solchen Teilen, die außerhalb der Werkstatt verbunden werden sollen (Brückenteile und dergleichen), in neuerer Zeit mit solchen Preßlufthämmern ausgeführt.

3. Schrauben.

Erläuterungen. Wickelt man ein dünnes Papier von der Form eines rechtwinkligen Dreiecks (a—b—c Abb. 19) so um einen Zylinder von entsprechender Dicke, daß die Punkte a und b zusammenfallen, so entsteht bekanntlich auf dem Zylinder eine sogenannte Schraubenlinie, die wir uns dann sowohl nach oben wie nach unten auf dem Zylinder fortgesetzt denken wollen (Abb. 20). Die Entfernung b—c nennt

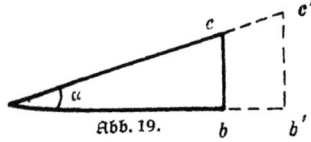
Abb. 19.

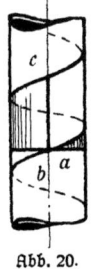
Abb. 20.

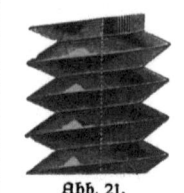  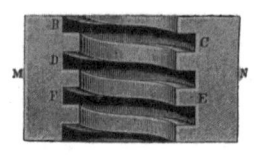

Abb. 21. Abb. 22. Abb. 23.

man die Ganghöhe, den Winkel α den Steigungswinkel der Schraubenlinie. Wird dann um diesen Zylinder, der Schraubenlinie entlang, ein prismatischer Stab von beliebigem Querschnitte herumgelegt, so entsteht ein Schraubengewinde (Abb. 21 und 22). Würde dieses Gewinde im Inneren eines Hohlzylinders herumgelegt (Abb. 23), so entsteht das, was man eine Schraubenmutter nennt.

Scharfgängige und flachgängige Schrauben. Von den an sich beliebigen Gewindequerschnitten kommen im Maschinenbau im wesentlichen nur zwei Arten in Frage: das Dreieck und das Rechteck, und man nennt nun eine Schraube mit dreieckigem Gewindequerschnitt eine scharfgängige (Abb. 21), eine solche mit rechteckigem Querschnitt eine flachgängige Schraube (Abb. 22). Ihre Verwendungsart ist nicht beliebig. Soll die Schraube dazu verwendet werden, einen Maschinenteil auf einem anderen zu befestigen — daher auch der Name Befestigungsschraube —, so wird wohl ausschließlich ein scharfgängiges Gewinde angewendet, da in diesem Falle infolge der schrägen Flächen die Reibung vergrößert wird, was wiederum für die Sicherheit der Verbindung von Vorteil ist. Eine zweite Klasse von Schrauben sind die sogenannten Bewegungsschrauben, die unter anderem für Zwecke der Lasthebung vielfach Verwendung finden. Abb. 24 stellt z. B. ein solches Hebezeug dar, vermittels dessen eine auf dem Kopfe der Schraube S ruhende Last durch Drehen des Hebels P in der einen oder anderen Richtung gehoben oder gesenkt werden

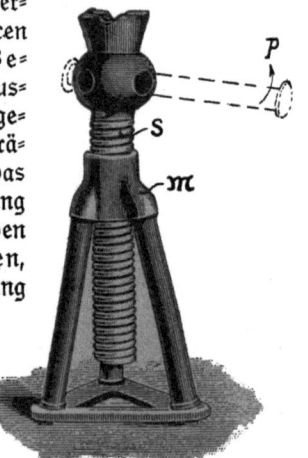

Abb. 24.

Schrauben 17

kann.¹) Wie man leicht erkennt, würde hier eine größere Reibung zwischen den Flächen der Schraube S und der zugehörigen Schraubenmutter M einen unnützen Arbeitsverlust bedeuten. Man verwendet daher in solchen und ähnlichen Fällen einen rechteckigen Gewindequerschnitt und kann also kurz sagen, daß scharfgängiges Gewinde in der Regel für Befestigungsschrauben, flachgängiges Gewinde für Bewegungsschrauben angewendet wird.

Eingängiges und mehrgängiges Gewinde. Betrachten wir noch einmal den Vorgang bei der Lasthebung vermittels der Schraubenwinde (Abb. 24) in Verbindung mit Abb. 20, so dürfte leicht einzusehen sein, daß bei einer einmaligen Umdrehung des Hebels P die auf der Schraube ruhende Last gerade um die Höhe eines Gewindeganges, also um die Strecke bc (Abb. 20) gehoben wird. Soll diese Strecke aus irgendwelchem Grunde groß sein, so stehen zwei Mittel dafür zu Gebote. Das eine wäre das, den Steigungswinkel der Schraube ungeändert zu lassen, aber den Durchmesser der Schraube zu vergrößern. Wie aus den gestrichelten Teilen der Abb. 19 ersichtlich ist, vergrößert sich dann die Ganghöhe der Schraube auf die Länge b', c'. Da eine solche Verdickung der Schraubenspindel jedoch teuer und schwerfällig ist, wird meist der zweite Weg eingeschlagen, nämlich den Durchmesser der Schraube, also auch die Entfernung a, b (Abb. 19) ungeändert zu lassen, dafür aber den Steigungswinkel der Schraube zu vergrößern, den Schraubengang also steiler zu gestalten. Diese Anordnung hätte aber den Nachteil, daß auf einer Schraubenspindel von bestimmter Länge und namentlich auch in der zugehörigen Schraubenmutter nur wenige Gewindegänge vorhanden wären, die Last also nur von einer verhältnismäßig kleinen Fläche getragen werden müßte. Um diesen Übelstand zu beseitigen, ordnet man gleichlaufend mit dem ursprünglichen Gewindegange noch einen oder mehrere (in Abb. 25 noch drei) weitere Gewindegänge an und nennt derartige Schrauben, je nach der Anzahl der Gewindegänge, die auf eine Ganghöhe fallen, **eingängige**, **zweigängige** Schrauben usw., so daß also Abb. 25 z. B. eine viergängige Schraube veranschaulichen würde.

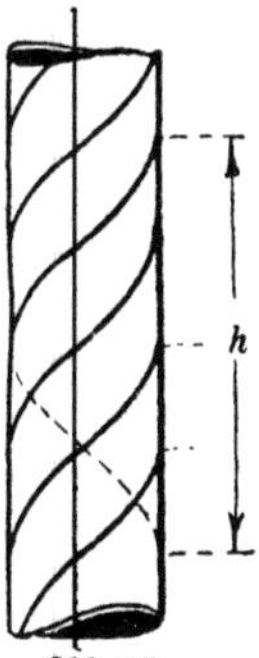

Rechts- und linksgängige Schrauben. Die Richtung,

Abb. 25.

1) Vgl. d. Verf. „Hebezeuge" (ANuG Bd. 196 Teil I Abschn. 2).

I. Verbindende Maschinenteile

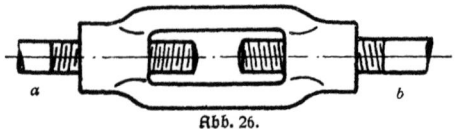
Abb. 26.

in welcher der Schrauben=
gang oder das Schrauben=
gewinde um den Schrau=
benbolzen herumläuft, ist
an sich völlig gleichgültig.
Es hat sich jedoch der Gebrauch herausgebildet, den Schraubengang
in dem Sinne herumlaufen zu lassen, daß beim Einschrauben einer
Schraube in die zugehörige Schraubenmutter, oder umgekehrt beim
Aufschrauben der Schraubenmutter auf einen Schraubenbolzen,
Schraube oder Mutter in der Richtung des Uhrzeigerganges herum=
gedreht werden müssen. Man nennt derartige Schrauben rechts=
gängige Schrauben. Schrauben mit einem Gewinde, welches nach
der entgegengesetzten Richtung umläuft, nennt man dementsprechend
linksgängige Schrauben. Sie finden in der Technik meist nur in
Verbindung mit rechtsgängigen Schrauben Verwendung, z. B. bei
sogenannten Spannschlössern (Abb. 26). Besitzen die beiden durch das
Spannschloß verbundenen Stangen a und b verschieden gerichtetes Ge=
winde, so ist leicht zu erkennen, daß bei der Drehung des Spannschlosses
(der gemeinsamen Schraubenmutter) in der einen Richtung die beiden
Stangen einander genähert (gespannt), bei der Drehung in der an=
deren Richtung dagegen von einander entfernt (entspannt) werden.

Schraubensysteme. Es ist klar, daß für irgendwelche Verwendungs=
zwecke der Schrauben die Form des Gewindes, die Stärke des Schrau=
benbolzens sowie die Ganghöhe der Schraube innerhalb gewisser Gren=
zen beliebig sind. Wollte nun aber jede Maschinenfabrik, ja auch nur
jedes Land bei der Anfertigung von Maschinen die drei genannten
Größen willkürlich annehmen, so ist unschwer einzusehen, daß das
einen Verkauf dieser Maschinen ungemein erschweren würde, denn
bei jeder vorkommenden Ausbesserungsarbeit müßten die notwendig
gewordenen Ersatzschrauben stets von den Erbauern der Maschine,
oder wenigstens aus dem Lande, aus dem die Maschine stammt, be=
zogen werden. Um diesem Übelstande abzuhelfen, bemüht man sich
schon lange, ein sogenanntes Schraubensystem aufzustellen, das in
sämtlichen Industriestaaten der Welt anerkannt und ausgeführt würde.
Leider sind diese Bestrebungen bisher nur insofern erfolgreich ge=
wesen, als die Zahl der verwendeten Schraubensysteme nur auf einige
wenige beschränkt wurde, von denen hier das aus England stammende
Whitworth=System angeführt werden möge, welches, namentlich in

Schraubensysteme

Europa, immer noch die größte Verbreitung genießt. Der Gewinde=
querschnitt dieses Systems zeigt ein gleichschenkliges Dreieck mit einem
Kantenwinkel von 55°. Die Spitze und der Grund des Dreiecks sind
um $1/6$ der Dreieckshöhe abgerundet (Abb. 28).

1	2	3	4	5	6	7
Äußerer Durchmesser des Gewindes		Kern= durchmesser	Anzahl der Gewinde= gänge auf 1 Z engl.	Höhe der Mutter, abgerundet	Höhe des Kopfes, abgerundet	Schlüssel= weite, abgerundet
engl. Z.	d mm	d_1 mm		h_1 mm	h_0 mm	s, mm
$1/4$	6,35	4,72	20	6	4	13
$5/16$	7,94	6,13	18	8	6	16
$3/8$	9,52	7,49	16	10	7	19
$7/16$	11,11	8,79	14	11	8	21
$1/2$	12,70	9,99	12	13	9	23
$5/8$	15,87	12,92	11	16	11	27
$3/4$	19,05	15,80	10	19	13	33
$7/8$	22,22	18,61	9	22	15	36
1	25,40	21,33	8	25	18	40

Die vorstehende Tabelle stellt ein Stück der Schraubentabelle nach
dem Whitworth=System dar. Wie man sieht, ist durch diese Tabelle
festgestellt:

1. Welche Schraubenstärken (in dem hier dargestellten Teile zwi=
schen $1/4$ und 1 Zoll engl.) überhaupt nur aus=
geführt werden dürfen (Spalte 1 und 2).
2. Die Form des Gewindes (Spalte 2 und 3). In
der Tabelle ist nur angegeben der sogenannte
äußere und innere Durchmesser der Schraube
(s. d. Abb. 27). Die Form
des Gewindequerschnittes
selber gibt Abb. 28.
3. Die Steigung des Gewin=
des (Spalte 4) und endlich
4. einige sonstige Abmessun=
gen (Spalte 5 bis 7), wel=
che für die Ausführung
von Wichtigkeit sind.
Bemühungen, ein Schrau=
bensystem einzuführen, wel=

Abb. 27.

Abb. 28.

I. Verbindende Maschinenteile

ches auf metrischer Grundlage beruht, haben leider bisher nur wenig Erfolg gehabt.

Schraubensicherungen. Die Belastung einer Schraube läßt sich immer vergleichen mit einer auf einer schiefen Ebene ruhenden Last. Geradeso, wie nun beim Auftreten von Erschütterungen und Stößen ein Heruntergleiten der Last von der schiefen Ebene sehr leicht möglich ist, so kann auch eine zunächst ganz fest angezogene Schraubenmutter mit der Zeit allmählich locker werden und dadurch unter Umständen eine ganze Maschine gefährden. Um ein solches unbeabsichtigtes Lösen einer Schraubenmutter zu verhindern, ist eine große Zahl von Vorrichtungen erdacht worden, die man als Schraubensicherungen zu bezeichnen pflegt. Einige wenige davon mögen hier als Beispiele erwähnt werden.

Die einfachste, allerdings nicht immer anwendbare Sicherung besteht darin, daß man die Schraubenmutter ungewöhnlich fest anzieht und so infolge vergrößerter Reibung in den Gewindegängen ein Lösen der Schraubenmutter nach Möglichkeit erschwert. Die Anwendungsmöglichkeit erstreckt sich freilich nur auf Schrauben von großem Durchmesser, und es ist auch klar, daß hierbei ein unbedingter Schutz gegen allmähliches Lockerwerden nicht vorhanden ist.

Auf einem ähnlichen Grundgedanken beruht die Anwendung sogenannter Gegenmuttern. Handelt es sich z. B. (Abb. 29) darum, den Deckel D eines Lagers für eine Welle auf dem entsprechenden Lagerkörper K zu befestigen, so wäre es unmöglich, die Schraubenmutter so fest anzuziehen, wie es die Reibung in den Gewindegängen noch gestattet. Man würde dadurch die Welle so fest in dem Lager einklemmen, daß sie sich entweder gar nicht mehr oder nur unter Überwindung großer Reibungswiderstände drehen könnte. In einem solchen Falle macht man es so, daß man zunächst auf die im Lagerkörper befestigte Schraube eine Schraubenmutter aufsetzt und diese Schraubenmutter nur so fest anzieht, als es mit Rücksichtnahme auf die Welle wünschenswert erscheint. Hierauf schraubt man noch eine zweite Mutter, die sogenannte Gegenmutter a, darauf und zieht diese nun so fest an, als es die Rücksichtnahme auf die Festigkeit des Schraubenbolzens zuläßt. Auch hier besteht die Sicherung nur in der er-

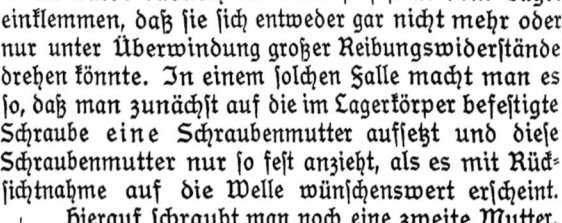

Abb. 29.

Schraubensicherungen. Zapfen

höhten Reibung, ein sicherer Schutz gegen unbeabsichtigtes Lösen etwa infolge von Erschütterungen ist daher auch hier nicht vorhanden.
Eine sehr einfache und dabei unbedingt zuverlässige Sicherung erhält man durch Hindurchschlagen eines Stiftes — Splint genannt — durch Schraubenmutter und Bolzen. Der große Übelstand hierbei besteht nur darin, daß, falls später einmal ein stärkeres Anziehen der Schraubenmutter notwendig ist, die Öffnungen in Schraubenmutter und Schraubenbolzen nicht mehr aufeinander passen, und durch ein neues Loch die Festigkeit des Schraubenbolzens stark beeinträchtigt wird.

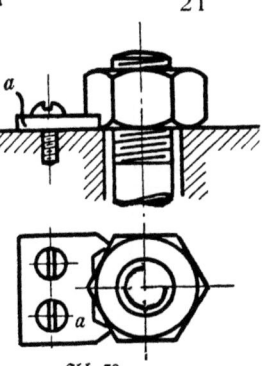

Abb. 30.

Eine recht zweckmäßige, billige und in vielen Fällen anwendbare Sicherung besteht darin, daß man durch irgendein passend angebrachtes, mit einem entsprechenden Ausschnitt versehenes Blech a (Abb. 30) die Schraubenmutter an unbeabsichtigter Drehung verhindert. Sollte später eine Drehung der Mutter notwendig werden und das alte Blech etwa nicht mehr passen, so ist die Beschaffung eines neuen Bleches ohne Schwierigkeit und mit geringen Kosten möglich. Die an dem Kreuzkopfe (Abb. 131 S. 82) links befindlichen vier Schrauben sind in dieser Weise gesichert.

II. Maschinenteile der drehenden Bewegung.

1. Zapfen.

Allgemeines. Unter Zapfen versteht man im Maschinenbau Drehkörper, welche, von hülsenförmigen Körpern (Lagern) umschlossen, entweder dem Maschinenteile, an welchem die Zapfen, oder demjenigen, an welchem der hülsenförmige Körper sitzt, die Drehung ermöglichen. Um einen Wagen fortzubewegen, wird er auf Räder gesetzt. Zu diesem Zwecke befinden sich an zwei oder vier Stellen des Wagens zylindrische Vorsprünge, auf welche die Räder mit ihren Naben aufgesteckt werden. Diese Vorsprünge sind die Zapfen. Um einem schweren Schleifsteine die Drehung zu ermöglichen, wird er auf einen senkrecht zum Steine durch seinen Mittelpunkt hindurchgehenden stabförmigen Körper gesteckt, welcher an seinen zylindrisch geformten Enden in hülsenförmigen Körpern aufliegt (Abb. 31). Jene Enden des stab-

22   II. Maschinenteile der drehenden Bewegung

förmigen Körpers nennt man Zapfen, die hülsenförmigen Körper, in denen sie sich drehen können, die zugehörigen Zapfenlager.

Ein scheibenförmiger Körper irgendwelcher Art (eine Turbine, ein Mühlstein od. dgl., Abb. 32) soll sich in wagerechter Ebene drehen: Er wird zu diesem Zwecke auf einer senkrecht stehenden Spindel befestigt, deren unteres Ende S sich in einer Hülse drehen kann. Auch hier wieder heißt das Ende der Spindel Zapfen, die Hülse, in welcher sich der Zapfen drehen kann, das Lager.

Abb. 31.   Abb. 32.

Tragzapfen, Spurzapfen. Betrachtet man die beiden letzten Beispiele, so erkennt man leicht einen wesentlichen Unterschied zwischen jenen beiden Arten von Zapfen. Bei dem Schleifstein (Abb. 31) wird der Zapfen durch einen Druck beansprucht, welcher senkrecht zur Achse des Zapfens gerichtet ist. Der Mühlstein (Abb. 32) dagegen übt vornehmlich einen Druck aus, der in die Richtung der Zapfenachse selber fällt. Die beiden Zapfenarten führen daher auch verschiedene Namen, und zwar nennt man Zapfen der ersteren Art, die also durch einen Druck beansprucht werden, welcher senkrecht zur Achse des Zapfens gerichtet ist, Tragzapfen,. Zapfen der zweiten Art, bei denen also der Druck in die Richtung der Zapfenachse fällt, Stütz- oder Spurzapfen.

Zu bemerken wäre noch, daß häufig, ja sogar meistenteils bei beiden Arten von Zapfen genau genommen jede der beiden Beanspruchungen vorkommt, jedoch wird meist die eine der beiden vorwiegen, so daß wohl selten ein Zweifel darüber bestehen wird, ob man einen Trag- oder einen Stützzapfen vor sich hat. Ferner ist zu beachten, daß Tragzapfen nicht etwa immer wagerecht, Stütz- oder Spurzapfen nicht etwa immer senkrecht zu stehen brauchen. Betrachtet man z. B. Abb. 33, welche die Skizze eines Kranes zum Heben von Lasten darstellt[1]), so erkennt man, daß die Säule S dieses

1) Vgl. Anmerkung auf S. 17.   Abb. 33.

Tragzapfen, Spurzapfen

Kranes oben und unten senkrecht stehende Zapfen besitzt. Während aber der untere Zapfen zweifellos ein Spurzapfen ist (obgleich er ebenfalls Beanspruchungen auszuhalten haben dürfte, die senkrecht auf seiner Achse stehen), ist der obere senkrecht stehende Zapfen unzweifelhaft nur ein Tragzapfen, da er nur Beanspruchungen auszuhalten hat, die senkrecht auf seiner Achse stehen.

Andere Arten von Zapfen. Halszapfen. Die bisher besprochenen Tragzapfen sind Zapfen, die sich am Ende einer Welle, einer Achse oder dgl. befinden; sie führen daher auch den Namen „Stirnzapfen". Liegt der Zapfen dagegen innerhalb der Wellen- oder Achsenlänge, so nennt man ihn „Halszapfen". Abb. 32 auf S. 22 zeigt z. B. bei H einen solchen Halszapfen.

Kugelzapfen. Soll ein Zapfen eine Drehung nicht bloß um eine einzige, in derselben Lage bleibende Achse gestatten, so muß er kugelförmig gestaltet werden (Abb. 34). So zweckmäßig eine derartige Gestaltung eines Zapfens theoretisch auch sein mag, so wird er doch nur in seltenen Fällen angewendet, da eine große Schwierigkeit darin besteht, den Lagerschalen, welche den Zapfen umschließen sollen, genau dieselbe Kugelform zu geben

Abb. 34.

und diese Übereinstimmung der Kugelform bei Zapfen und Lagerschalen auch während des Betriebes beizubehalten.

Kammzapfen. Ist der durch einen Spurzapfen aufzunehmende Druck sehr groß, so gibt man dem Zapfen bisweilen mehrere Ringe oder Spurkränze und erhält dann die sogenannten Kammzapfen (Abb. 35). Ihre Hauptanwendung finden sie bei den Maschinenwellen von Schraubendampfern, bei denen der gesamte Druck der das Schiff vorwärts treibenden Schraubenflügel durch solche Kammzapfen aufgenommen werden muß. Der Hauptübelstand dieser Kammzapfen besteht darin, daß es schwierig ist, die einzelnen Ringe (Kämme) des Zapfens ganz gleichmäßig zu belasten. Tritt z. B. an einem der Ringe zufällig eine stärkere Abnutzung ein als an den anderen, so liegt dieser eine Ring sehr bald weniger stark an seiner Lagerschale an, die anderen Ringe werden entsprechend stärker

Abb. 35.

24 II. Maschinenteile der drehenden Bewegung

belastet, und es kann dann bei unaufmerksamer Bedienung leicht ein Warmlaufen der Welle stattfinden. Im allgemeinen sind daher derartige Kammzapfen im Maschinenbau wenig beliebt und werden nur dort angewendet, wo sie sich, wie z. B. bei Schraubenschiffen, nicht gut durch andere Zapfen ersetzen lassen. Vgl. auch Abb. 49 S. 33.

2. Achsen und Wellen.

Allgemeines. Unter Achsen versteht man mit Zapfen versehene, in der Regel zylindrisch gestaltete Träger schwingender oder sich drehender Maschinenteile. Der Balancier einer Dampfmaschine[1]) schwingt um eine Achse, die mit dem aufgewickelten Seil versehene Trommel der Winde Abb. 36 dreht sich um eine Achse.

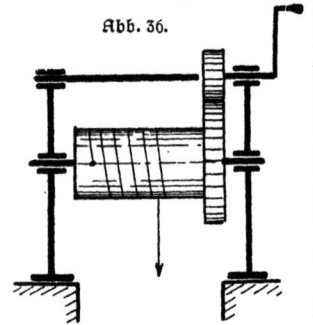

Abb. 36.

Tritt dagegen bei einem solchen Träger noch die Aufgabe hinzu, ein Drehmoment fortzuleiten, so spricht man von einer Welle. So ist z. B. bei der eben erwähnten Winde der obere Träger des kleinen Zahnrades als Welle zu bezeichnen, da er nicht bloß als Träger des Zahnrades dient, sondern auch die vermittels der Kurbel erzeugte Drehbewegung (das drehende Moment) von der Kurbel nach dem Zahnrade fortzuleiten hat.

Vor etwa 30—40 Jahren, als die Technik der Herstellung schmiedbaren Eisens noch nicht so hoch entwickelt war wie in der heutigen Zeit, wurden Achsen sowohl wie Wellen häufig aus Gußeisen angefertigt, wobei ihr Querschnitt mannigfaltige Formen, z. B. die eines Kreuzes, eines Sternes u. dgl. erhielt. Auch Achsen und Wellen aus Holz (Eichen-, Buchen- oder Kiefernholz), mit Eisenteilen beschlagen, wurden mitunter, z. B. für Wasserräder, ausgeführt. Heutzutage dürften alle diese Ausführungsformen zu den Seltenheiten gehören. Der Stoff, aus dem in neuerer Zeit Achsen und Wellen hergestellt werden, ist wohl ausnahmslos schmiedbares Eisen (Schweißeisen, Flußeisen, Flußstahl), der Querschnitt eine Kreis- oder eine Kreisringfläche.

Hohle Achsen und Wellen. Gerade der Kreisring-Querschnitt wird neuerdings häufig angewendet, das heißt, man pflegt wichtige Achsen und Wellen, namentlich wenn ihr Durchmesser größer wird, der gan-

---

1) Vgl. d. Verf. „Dampfmaschine II" (ANuG Bd. 394 Abschn. I Kap. 2).

Achsen und Wellen 25

zen Länge nach in der Mitte auszubohren. Die Gründe für ein solches Ausbohren sind mannigfacher Natur. Zunächst wäre festzustellen, daß diese Ausbohrung, vorausgesetzt, daß sie sich in mäßigen Grenzen bewegt, die Festigkeit der Welle sowohl in bezug auf Biegung wie in bezug auf Drehung fast gar nicht beeinträchtigt. Der rechnerische Beweis dafür läßt sich allerdings hier nicht durchführen, man denke aber z. B. an die große Festigkeit der Bambusrohre, die doch eine sehr große „Ausbohrung" besitzen. Ein wichtiger Grund für die Ausbohrung dicker Achsen und Wellen besteht darin, daß ihre Haltbarkeit durch das Ausbohren geradezu wächst. Durch das Bearbeiten der für die Herstellung starker Achsen und Wellen bestimmten rohen Schmiedeblöcke unter Pressen und Dampfhämmern bilden sich gerade in der Mitte des Querschnittes nicht selten Risse und Sprünge (Abb. 37). Durch starke Biegungs- und Drehungsbeanspruchungen der Welle würden diese (von außen nicht sichtbaren!) Sprünge sich leicht erweitern und schließlich zum Bruche der Welle führen. Bohrt man dagegen die Welle in der Mitte aus (Abb. 38), so fallen diese schlechten Stellen heraus und die Haltbarkeit im Betriebe nimmt also durch das Ausbohren sogar noch zu. Ferner beachte man, daß man infolge der Ausbohrung die Welle geradezu von innen betrachten kann, was bei starken Wellen z. B. dadurch möglich ist, daß man eine brennende Glühlampe in das Innere der Ausbohrung hineinschiebt. Es bedarf wohl keiner weiteren Erklärung, daß eine solche Beobachtung starker wichtiger Wellen auch von der Innenseite für die Sicherheit des Betriebes von nicht zu unterschätzender Bedeutung ist. Endlich wäre noch als letzter, ebenfalls nicht unwichtiger Grund für die Zweckmäßigkeit der Ausbohrung der Umstand anzuführen, daß infolge des Ausbohrens die Welle natürlich leichter wird, was aus naheliegenden Gründen in verschiedener Hinsicht Vorteile bietet (z. B. bei Schiffsmaschinenwellen).

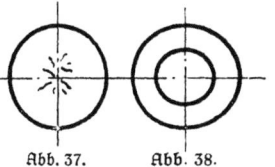

Abb. 37.   Abb. 38.

Form der Achsen und Wellen. Die Mittellinie der Achsen ist naturgemäß immer eine gerade Linie, wobei der Durchmesser an den einzelnen Stellen der Achse aus Gründen der Festigkeit verschieden groß sein kann; er wird in der Regel nach der Mitte zu am stärksten sein (vgl. Abb. 31 auf S. 22). Bei Wellen kommen dagegen neben geradlinigen Formen auch andere Formen vor. Eine wichtige Art gerad-

26 II. Maschinenteile der drehenden Bewegung

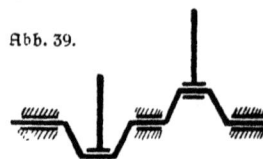

Abb. 39.

liniger Wellen sind die sogenannten Triebwerks- oder Transmissionswellen. Es sind dies lange, an mehreren Stellen durch Lager unterstützte zylindrische Wellen, die man z. B. in Werkstätten sehen kann, wo sie, von einer Kraftmaschine in Umdrehung versetzt, als Träger von Riemenscheiben dienen, von denen aus durch Riementriebe Arbeitsmaschinen der verschiedensten Art (Drehbänke, Bohrmaschinen, Hobelmaschinen usw.) angetrieben werden. Zu den nicht geradlinigen Wellen gehören die sogenannten gekröpften Wellen. Es sind dies Wellen von einer Form, wie sie Abb. 39 zeigt. Die Mittellinie der Welle ist hier, wie man sieht, an vier Stellen geknickt, und diese mehrfache Knickung (man nennt sie eine Wellenkröpfung) wird dazu benutzt, um die Treibstange irgendeiner Kraftmaschine (Dampf- oder Gasmaschine) hier angreifen zu lassen und so die Welle etwa mit dem darauf sitzenden Schwungrade in Umdrehung zu versetzen. Unentbehrlich sind derartige Kröpfungen z. B. bei Kraftmaschinen mit mehreren nebeneinanderliegenden Zylindern, wie sie zum Antriebe von Schiffen, Automobilen oder Flugzeugen vorkommen. Abb. 40 zeigt eine von der A.-G. Oberbilker Stahlwerk in Düsseldorf-Oberbilk ausgeführte Welle einer Schiffsmaschine mit vier Kröpfungen T, T..; L, L.. sind die Stellen, an denen die Welle gelagert ist, während in der Mitte der Kröpfungen T, T.. die Treibstangen der Dampfmaschinenzylinder an-

Abb. 40.

Kuppelungen. Feste Kuppelungen

greifen. Die Herstellung solcher Wellen bietet große Schwierigkeiten, weshalb z. B. bei großen Schiffsmaschinen derartig gekröpfte Wellen meist aus mehreren Stücken zusammengesetzt werden.

3. Kuppelungen.

Erklärungen. Wenn zwei oder mehr Wellen so miteinander verbunden werden sollen, daß sie einen fortgesetzten Wellenstrang bilden, so geschieht das mit Hilfe von Maschinenteilen, die Kuppelungen genannt werden. Folgende drei Fälle sind dabei denkbar:

1. Die Wellen sollen unter Übereinstimmung ihrer mathematischen Achsen so fest miteinander verbunden sein und dauernd verbunden bleiben, daß sie einen vollständigen Ersatz für eine einzige geradlinige Welle bilden: als Hilfsmittel dazu dienen feste Kuppelungen.

2. Der eine Wellenteil soll im Verhältnis zu dem darauffolgenden Wellenteile auch während des Betriebes eine gewisse Beweglichkeit besitzen, sei es in der Längsrichtung, sei es in der Weise, daß die mathematische Achse der beiden Wellen an der Verbindungsstelle einen mehr oder weniger starken Knick bildet; dies läßt sich erreichen durch bewegliche Kuppelungen.

3. Es soll die Möglichkeit vorhanden sein, während der ein* Teil des Wellenstranges im Betriebe ist, den anderen Wellenstrang je nach Bedarf von dem ersteren zu lösen und wieder mit ihm zu verbinden: als Hilfsmittel dazu dienen die sogenannten Ausrückkuppelungen.

Feste Kuppelungen. Eine häufig gebrauchte feste Kuppelung ist die Scheibenkuppelung (Abb. 41[1]). Auf den aneinanderstoßenden Enden der beiden Wellen a und b wird je eine Scheibe c, d befestigt (mittels Flachkeilen), und diese beiden Scheiben werden dann durch eine Reihe von Schrauben

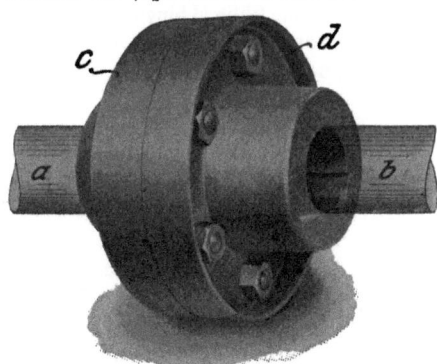

Abb. 41.

---

1) Die Abb. 41, 42, 43, 46, 50 aus einem Kataloge der Berlin-Anhaltischen Maschinenbau-A.-G. Dessau und Berlin.

II. Maschinenteile der drehenden Bewegung

Abb. 42.

miteinander verbunden. Die Kuppelung ist billig, eignet sich auch für die Verbindung von Wellen mit verschiedenem Durchmesser und die einzelnen Wellenenden sind bei Bedarf leicht wieder voneinander zu lösen. Sie hat nur den Nachteil, daß Riemenscheiben, Zahnräder u. dgl., die später noch auf die Welle aufgesetzt werden sollen, zweiteilig hergestellt werden müssen, da die fest auf den Enden aufsitzenden, schwer abzunehmenden Kuppelungshälften c, d das Aufbringen ungeteilter Räder nicht zulassen.

Besser in dieser Beziehung ist die ebenfalls häufig angewandte Klemm- oder Doppelkegelkuppelung (Abb. 42): Auf die beiden Wellenenden werden kegelförmige Hülsen a und b geschoben, welche an einer Stelle c, c der Länge nach aufgeschlitzt sind. Diese beiden Kegel sitzen in einer Hülse H, die mit entsprechenden Kegelflächen ausgeführt ist. (In der Abbildung ist der Deutlichkeit wegen sowohl aus der Hülse H wie aus den beiden längsgeschlitzten Kegeln je ein Stück herausgeschnitten.) Vermittels dreier Schrauben, welche, mit der Welle gleichlaufend, durch beide Kegel hindurchgehen, werden die beiden Kegel in die Hülse H hinein- und damit gleichzeitig fest auf die Wellenenden aufgepreßt, so daß die Mitnahme des einen Wellenstranges durch den anderen schon vermittels der durch die Kuppelung erzeugten Reibung erfolgt.

Bewegliche Kuppelungen. Soll der eine Teil des Wellenstranges die Möglichkeit haben, sich in der Längsrichtung gegen den anderen Teil zu verschieben, z. B. um Längenänderungen infolge von Temperaturschwankungen auszugleichen, so befestigt man auf zwei aneinanderstoßenden Wellenenden mit Vorsprüngen versehene Scheiben a und b (Abb. 43), welche klauenförmig ineinander eingreifen. Man erkennt leicht, daß diese Klauen eine Mitnahme des einen Wellenstranges durch den anderen bewirken und dabei doch die geforderte Längsbewegung der einen Welle ermöglichen. Diese Kuppelungen führen den Namen „Klauenkuppelung".

Bewegliche Kuppelungen

In neuerer Zeit kommt es häufig vor, daß zwei Wellenenden so miteinander verkuppelt werden sollen, daß eine etwaige Ungenauigkeit in der Lagerung der einen Welle die andere Welle nicht beeinflußt. Ein solcher Fall liegt z. B. vor, wenn die Welle einer Dynamomaschine mit der Welle einer Dampfmaschine, Gasmaschine od. dgl.

Abb. 43.

verbunden werden soll. In solchem Falle bedient man sich ebenfalls beweglicher, oder wie man sie in diesem Falle auch nennt, elastischer Kuppelungen. Ein Beispiel einer solchen bietet die häufig angewandte Kuppelung von Zodel=Voith (Abb. 44). Auf dem Ende jeder der beiden miteinander zu verbindenden Wellen sitzt eine Art flacher Glocke a und b, deren Ränder mit einem gewissen Spielraum übereinandergreifen, etwa wie die Teile einer Butterdose. Durch entsprechende Schlitze beider Glockenränder ist nun ein fortlaufender starker Lederriemen in der Weise hindurchgezogen, wie dies die rechte Hälfte der Abb. 44 zeigt. Die Nachgiebigkeit dieses Riemens bewirkt die verlangte Unabhängigkeit der einen Welle von der anderen. Außerdem wird durch die Anwendung eines den elektrischen Strom nicht leitenden Baustoffes, z. B. eines Lederriemens, als elastisches Zwischenglied eine elektrische Isolierung der beiden Wellen gegeneinander erreicht, was u. a. bei Dynamomaschinen von Vorteil ist. Diese Art elastischer Kuppelungen sind dann gleichzeitig auch „Isolationskuppelungen".

Sollen die beiden Wellenstränge an der Verbindungsstelle einen starken Knick bilden, so gibt es auch hierfür ein Hilfsmittel in der Gestalt der sogenannten Kreuzgelenkkuppelung. Abb. 45 zeigt einen zweimal geknickten Wellenstrang a, b, c unter Anwendung solcher Kreuzgelenkkuppelungen. Die Kuppelung be=

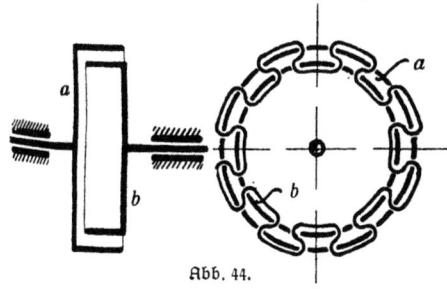

Abb. 44.

II. Maschinenteile der drehenden Bewegung

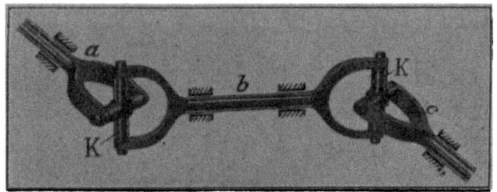
Abb. 45.

steht aus einem Kreuzstück K, dessen vier Enden paarweise von den gabelförmig gestalteten Wellenenden in kurzen Lagern umfaßt werden.

Ausrückkuppelungen. Als einfache Ausrückkuppelungen kann nach einer geringen Abänderung die bei der vorigen Gattung von Kuppelungen erwähnte Klauenkuppelung verwendet werden. Ordnet man nämlich eine der beiden Klauenhälften (Abb. 43 auf S. 29) so auf der zugehörigen Welle an, daß sie zwar bei einer Drehung von der Welle mitgenommen wird, sich dabei aber doch auf der Welle verschieben läßt, so erkennt man leicht, daß durch Herausziehen der verschiebbaren aus der festsitzenden Klaue der eine der beiden Wellenstränge zum Stillstande kommt. Ein Übelstand dabei ist jedoch der, daß ein solches Auseinanderziehen bei schwer belasteter Welle nur mit großer Kraftanstrengung möglich ist. Außerdem dürfte nicht schwer einzusehen sein, daß ein Wiedereinrücken einer solchen Kuppelung während des Betriebes nicht gut angängig ist. Einmal wird es überhaupt schwierig sein, während des Ganges der einen Welle und besonders bei hoher Umlaufszahl die beiden Klauen miteinander zum Eingriff zu bringen, und dann würde ein solches plötzliches Einrücken mit einem so heftigen Stoße verbunden sein, daß höchstwahrscheinlich irgendwo in der Wellenleitung ein Bruch erfolgen müßte.

Soll daher eine Ausrückkuppelung auch zum Einrücken während der Bewegung verwendet werden, so muß sie als Reibungskuppelung ausgebildet werden. Abb. 46 und 47 zeigen die Skizzen einer Reibungskuppelung Bauart Dohmen=Leblanc der Berlin=Anhaltischen Maschinenfabrik. Auf dem

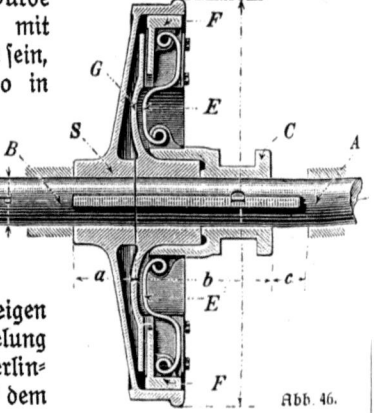
Abb. 46.

Ausrückkuppelungen. Lager 31

Wellenende A ist die Scheibe G, auf dem Wellenende B die Scheibe S festgekeilt. An dem Umfange der Scheibe G sind vier oder sechs Gleitstücke F angebracht (zwei sind in der Abb. 46 sichtbar), welche durch Gleitbahnen an der Scheibe G geführt sind und sich dort in senkrechter Richtung verschieben lassen. Werden diese Gleitstücke radial nach außen bewegt, so pressen sie sich allmählich an die innere wagerechte Ringfläche der Scheibe S an, und durch die hierdurch erzeugte Reibung wird Scheibe G mit Scheibe S und somit auch Welle A mit Welle B ge-

Abb. 47.

kuppelt. Dieses Verschieben der Gleitstücke F in senkrechter Richtung geschieht nun in folgender Weise: Auf der Welle A ist eine Hülse C mittels Nut und Feder (s. S. 10) so angeordnet, daß sie sich zwar auf der Welle verschieben läßt, aber auch von der sich drehenden Welle mitgenommen wird. An vier Vorsprüngen dieser Hülse sind S=förmige Federn E angebracht, die mit ihren Enden an den Gleitstücken F angreifen. Schiebt man nun die Hülse C nach links, so stellen sich die Federn aufrecht, drücken sich schließlich, wenn die Gleitstücke F an dem wagerechten Rande der Scheibe S anliegen, ein wenig durch und erzeugen so die vorher erwähnte allmähliche Anpressung der Gleitstücke an die Scheibe S und somit auch die allmähliche stoßfreie Mitnahme der Welle B durch die Welle A.

4. Lager.

Allgemeines. Lager sind Maschinenteile zum Tragen und Stützen von Zapfen und Wellen. In der Regel bestehen sie aus mehreren Teilen, einmal um die Aufstellung für den Betrieb möglichst bequem und zweckmäßig zu gestalten, dann aber auch, weil diejenigen Teile, die unmittelbar mit den Zapfen und Wellen in Berührung stehen, naturgemäß mit der Zeit sich abnutzen und somit die Möglichkeit vorhanden sein muß, diese Teile gegen neue auszuwechseln, ohne das ganze Lager fortzuwerfen. Übrigens werden diese sich abnutzenden Teile, die „Lagerschalen", absichtlich aus einem weicheren Stoffe als die Wellen hergestellt, eben damit nicht etwa die Abnutzung an der teuren Welle, sondern an den leicht zu ersetzenden Lagerschalen eintritt. Wegen des unmittelbaren Laufens der Welle oder der Zapfen auf den Lagerschalenflächen nennt man diese Lager auch „Gleitlager" im Gegensatz zu den weiter unten aufgeführten Kugel- und Rollenlagern.

Der Gattung nach unterscheidet man, ähnlich wie das früher bei den Zapfen besprochen wurde, Traglager und Stütz- oder Spurlager, wobei die Traglager zur Aufnahme von Wellen und Tragzapfen dienen, im wesentlichen also Kräfte aufzunehmen haben, die senkrecht zur Wellen- oder Zapfenachse gerichtet sind (Abb. 50), während die Spurlager (Abb. 48[1]) vornehmlich zur Aufnahme von Kräften dienen, die in die Richtung der Zapfen- oder Wellenachse fallen. Eine Sonderart der Spurlager sind die Kammlager (Abb. 49) zur Aufnahme der auf S. 23 beschriebenen Kammzapfen.

Einzelheiten der Traglager. Das gewöhnliche Traglager (in einer Ausführung des Eisenwerkes Wülfel in Wülfel bei Hannover, Abb. 50) besteht in der Hauptsache — bei Spurlagern treten einige sinngemäße Änderungen ein — aus dem Lagerkörper K, dem Lagerdeckel D und den eingesetzten Lagerschalen O und U, wozu dann neben verschiedenen Schrauben bisweilen noch eine sogenannte Sohlplatte S hinzukommt. Der Zweck dieser Sohlplatte ist folgender: Soll ein Lager z. B. auf einem Mauervorsprunge aufgestellt werden, so bietet es Schwierigkeiten, das Mauerwerk so genau auszuführen, daß nachher bei der Aufstellung des Lagers die Mitte der Lagerhöhlung genau mit der ihrer Lage nach gegebenen Mittellinie des Zapfens oder der Welle zusammenfällt. In einem solchen Falle wird auf dem Mauervorsprunge zunächst eine gußeiserne Platte, die Sohlplatte, möglichst genau aufgestellt und durch Schrauben mit dem Mauerwerk verbunden. Auf die glattgehobelte Fläche der Sohlplatte wird dann das Lager gestellt, durch Hinundherschieben, gegebenenfalls durch Unterlegen dün-

---

[1]) Die Abb. 48, 49, 51, 52 aus einem Kataloge von G. Polysius, Dessau.

Traglager

Abb. 48.

Abb. 49.

Abb. 50.

II. Maschinenteile der drehenden Bewegung

Abb. 51.

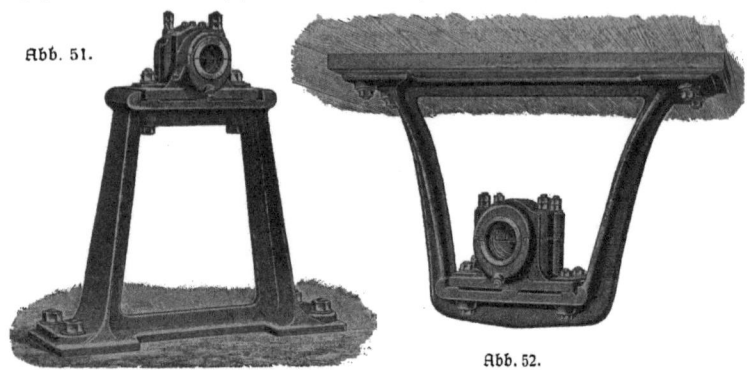

Abb. 52.

ner Bleche u. dgl. in seine richtige Stellung gebracht und dann durch Schrauben mit der Sohlplatte verbunden. Durch Einlegen passender Keile zwischen die Lagerkörper und die nasenartigen Vorsprünge der Sohlplatte wird endlich eine Verschiebung des Lagers auf der Sohlplatte während des Betriebes verhindert.

Bei Traglagern unterscheidet man der Aufstellungsart nach gewisse Formen, die entweder durch eigene Gestaltung des Lagers oder auch, wie z. B. in den folgenden Abbildungen, in der Weise erzielt werden, daß ein gewöhnliches Traglager auf entsprechend geformte Träger gesetzt wird. So unterscheidet man z. B. Bocklager (Abb. 51), Hängelager (Abb. 52), Wandlager (Abb. 53) usw.

Verstellbarkeit der Lagerschalen. Eine sehr wesentliche Bedingung bei einem Lager ist die, daß bei eingetretener Abnutzung der meist aus weicheren Baustoffen bestehenden Lagerschalen (Kupferlegierungen: Rotguß, Bronze; Zinnlegierungen: Weißmetall) die Schalen in der Richtung, in welcher die Abnutzung stattgefunden hat, nachgestellt werden können, damit die Welle wieder ihre ursprüngliche Lage erhält. In der Regel wird dies, infolge des Eigengewichts der Welle, die untere Schale

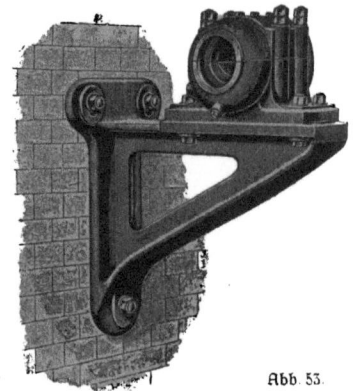

Abb. 53.

Verstellbarkeit der Lagerschalen

sein. Falls nun keine besondere Vorrichtung zum Nachstellen vorhanden ist, wie sie z. B. bei dem weiter unten zu besprechenden Sellerslager ausgeführt wird, läßt sich ein Nachstellen, d. h. ein Heben der abgenutzten Lagerschalen einfach dadurch erreichen, daß man entweder unter die Lagerschale oder gegebenenfalls unter den Lagerkörper eine Anzahl dünner Blech legt, bis die Welle mit der festan-

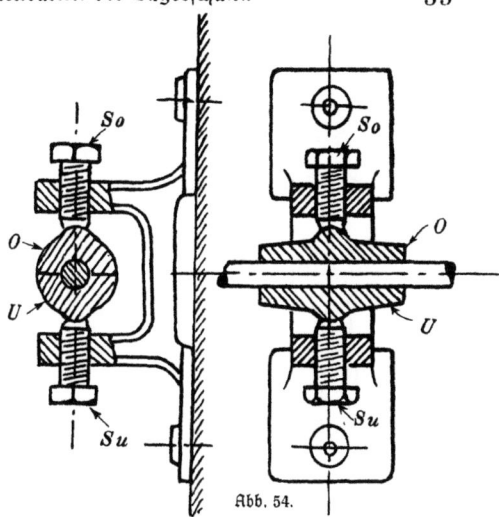

Abb. 54.

liegenden Lagerschale wieder ihre ursprüngliche Lage eingenommen hat.

Bei Triebwerkswellen ist es oft erwünscht, leicht eine geringe Veränderung der Höhenlage der Welle herbeiführen zu können. Hat sich ferner eine solche Welle ein klein wenig verbogen, so ist es ebenso erwünscht, daß sich die Lagerschalen möglichst selbsttätig genau in die Richtung der Wellenachse einstellen. Beide Bedingungen erfüllt in recht zweckmäßiger Weise das sogenannte Sellerslager, dessen Gerippskizze Abb. 54 zeigt. Die obere und untere Lagerschale (O und U) ruhen mit Kugelflächen auf zwei Schrauben S_o, S_u auf, welche in dem Lagerkörper drehbar sind. Durch Heraus- und Hineinschrauben der beiden Schrauben läßt sich erstens die Höhenlage der Welle bequem verändern, und ferner können sich infolge der Lagerung in den Kugelflächen die Lagerschalen in ziemlich weiten Grenzen nach der Lage der Wellenachse selbsttätig einstellen. Abb. 55

Abb. 55.

II. Maschinenteile der drehenden Bewegung

Abb. 56.

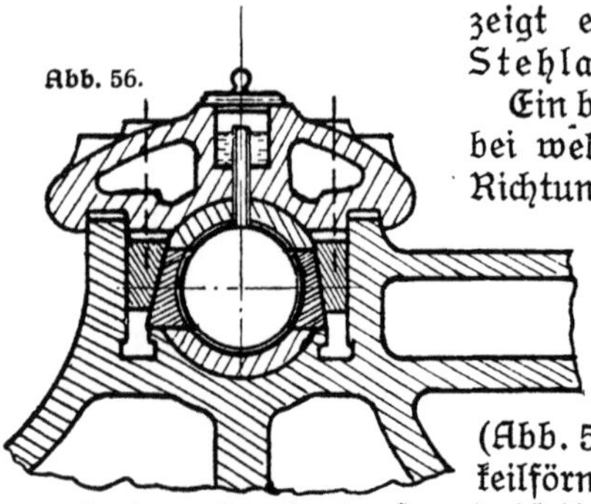

zeigt ein Sellerslager als sogenanntes Stehlager ausgeführt.

Ein besonderer Fall tritt ein bei Lagern, bei welchen auch Drucke in wagerechter Richtung vorkommen, wie es z. B. die Lager sind, in denen die Wellen der Dampfmaschinen oder Gasmaschinen ruhen. Hier wird es meist so gemacht, daß die Lagerschalen in vier Teile geteilt werden (Abb. 56) und die seitlichen Lagerschalen keilförmige Flächen erhalten. Durch eingelegte, entsprechend geformte Keile, die von außen her durch Schrauben gehoben oder gesenkt werden können, ist es möglich, diese seitlichen Lagerschalen in wagerechter Richtung nachzustellen (vgl. die Abb. 56).

Kugellager. Es ist eine Erfahrungstatsache, daß die Überwindung rollender Reibung wesentlich weniger Kraft erfordert, als unter sonst gleichen Umständen (d. h. bei gleichen Stoffen und gleicher Belastung) die Überwindung der Reibung zweier aufeinander gleitender Körper. So ist es allbekannt, daß z. B. eine schwere Kiste sich leichter auf dem Fußboden fortbewegen läßt, wenn man Rollen darunter legt, als wenn man die Kiste unmittelbar auf dem Fußboden fortschieben wollte. Das hat in neuerer Zeit zu einer ausgedehnten Verwendung der sogenannten Kugellager geführt, deren Grundgedanke immer darauf beruht, daß zwischen Zapfen und Lager sehr genau gearbeitete, gehärtete Stahlkugeln zwischengeschaltet werden, so daß der Zapfen nicht mehr, wie bei den gewöhnlichen Trag- und Spurlagern, auf den Lagerschalen schleift, sondern gewissermaßen auf den dazwischengeschalteten Kugeln rollt. Gegenüber den Gleitlagern haben die Kugellager also den Vorteil des kleineren Widerstandes beim Anlaufen des Zapfens und einer von Beginn an nahezu gleichbleibenden, geringeren Lagerreibung, wodurch eine Kraftersparnis bis zu 25 v. H. und mehr erzielt wird. Ein weiterer Vorzug besteht in dem verhältnismäßig schmalen Aufbau, dem sehr geringen Schmiermittelverbrauch sowie in der Unempfindlichkeit gegen Schmutz und Staub. Dagegen dürfen sie stoßweisen Überlastungen nicht ausgesetzt werden.

In Abb. 57 ist die Ausführung eines Kugellagers als Traglager (z. B. für eine Wellenleitung) dargestellt. Es besteht in der Haupt-

Kugellager

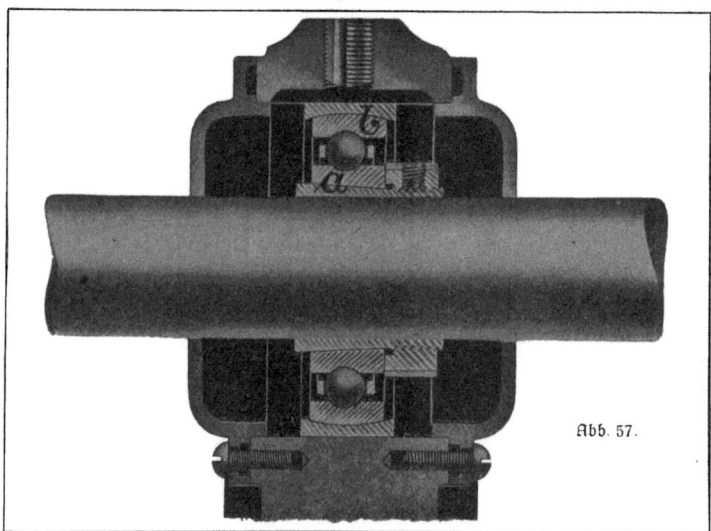

Abb. 57.

sache aus den Stahlkugeln, dem inneren Laufring a, der mit der Welle fest verbunden ist, dem äußeren, im Lagergehäuse sitzenden und gewissermaßen die Lagerschalen bildenden Laufring b, sowie aus dem sogenannten Kugelkäfig. Dieser Kugelkäfig ist eine Art Flachring mit reichlich bemessenen Durchbohrungen für die an dem ganzen Umfang gelagerten Stahlkugeln. Er hat die Aufgabe, den Abstand der Kugeln während des Umlaufens der Welle stets aufrecht zu erhalten, damit eine gegenseitige Berührung und eine Klemmung der Kugeln verhindert wird. Abb. 58 zeigt ein als Kugellager ausgeführtes Spurlager, Abb. 59 ein kombiniertes Kugellager für Kraftwagen der Deutschen Kugellager-Fabrik in Leipzig-Plagwitz, das eine Vereinigung von Traglager und Spurlager darstellt zur gleichzeitigen Aufnahme von radialen und achsialen Drücken.

Abb. 60 bringt eine Ausführung des Kugellagers mit zwei Kugelreihen als Sellerslager

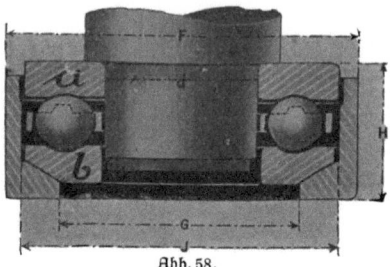

Abb. 58.

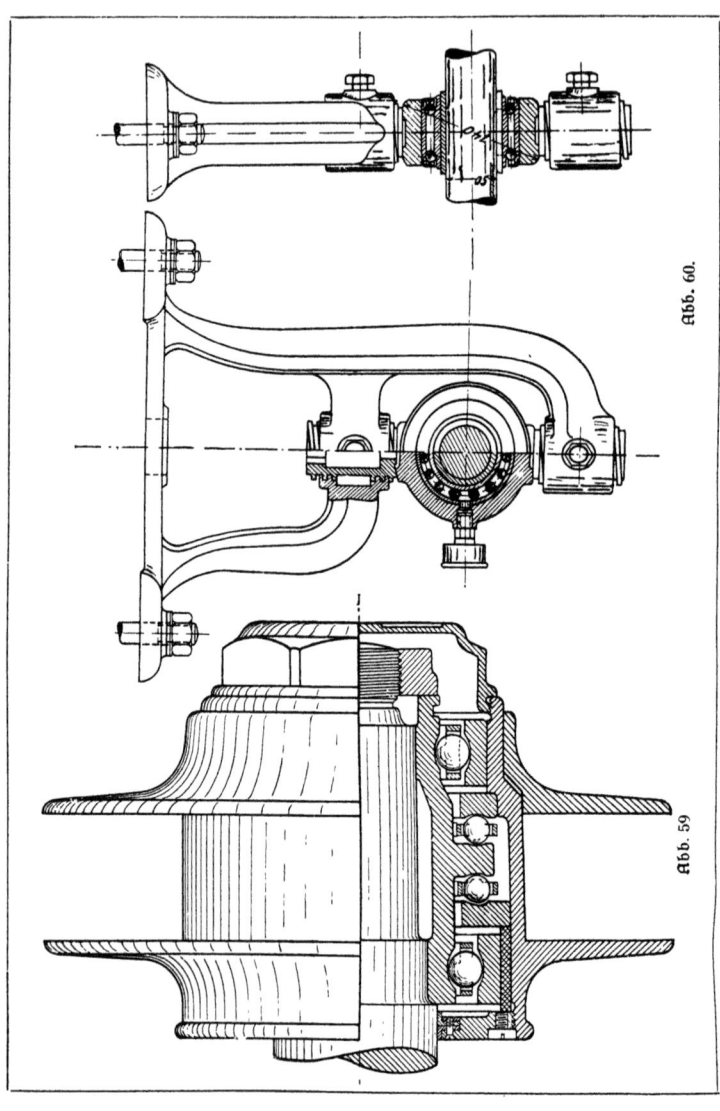

Abb. 59.

Abb. 60.

(f. S. 35) zur möglichft felbfttätigen Einftellung des Lagers in die Richtung der Wellenachfe, wie es beifpielsweife bei der Verlagerung von Triebwerkswellen Anwendung findet.

Rollenlager. In den Fällen, wo Kugellager von beftimmter Größe für die aufzunehmenden Drücke nicht mehr ausreichen und befonders auch dann, wenn zeitweife größere Überlaftungen auftreten, nimmt man in neuerer Zeit Rollenlager als Erfatz für Kugellager. Diefe Rollenlager befitzen ftatt der Kugeln kurze zylindrifche, auf entfprechenden Bolzen angeordnete Rollen aus gehärtetem Stahl. Für ein einwandfreies Arbeiten der Lager ift jedoch eine durchaus fichere, parallel zur Wellenachfe laufende Führung der Rollen ein unbedingtes Erfordernis. Abb. 61 zeigt ein S. K. F.-Norma-Rollenlager der Norma-Compagnie in Cannftadt = Stuttgart.

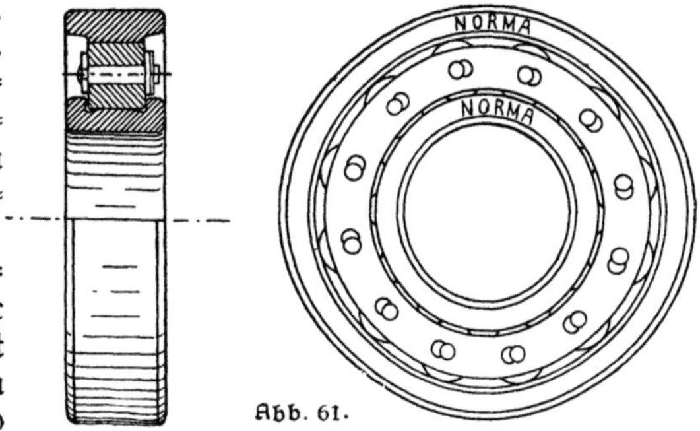

Lagerfchmierung. Ein fehr wefentlicher Punkt bei allen Lagern ift eine gute und reichliche Schmierung. Der Zweck der Schmierung ift, zu verhindern, daß das Metall der Zapfen oder Wellen unmittelbar auf dem Metall der Lagerfchalen läuft, da hierdurch fehr bald infolge der Reibung bedeutende Mengen von Wärme erzeugt würden, die bis zum Schmelzen der Lagerfchalen führen können. Durch die Schmierung wird zwifchen Welle und Lagerfchale eine dünne Ölfchicht gebracht, fo daß alfo eigentlich nicht Metall auf Metall, fondern Metall auf Öl läuft, was eine wefentlich geringere Reibung zur Folge hat. Die Zahl der Vorrichtungen zum dauernden, mehr oder weniger felbfttätigen Schmieren von Wellen und Zapfen ift fehr groß. Eine der einfachften Vorrichtungen befteht darin, auf dem Lagerdeckel eine Höhlung anzubringen, in welche ein dünnes Röhrchen gefteckt ift, das bis nahezu auf den Zapfen herabreicht (vgl. G Abb. 50 auf S. 33). Die Höhlung wird mit Öl angefüllt, und ein in dem dünnen Röhrchen fteckender Docht bewirkt, daß das Öl ganz allmählich dem Zapfen zufließt.

Abb. 61.

II. Maschinenteile der drehenden Bewegung

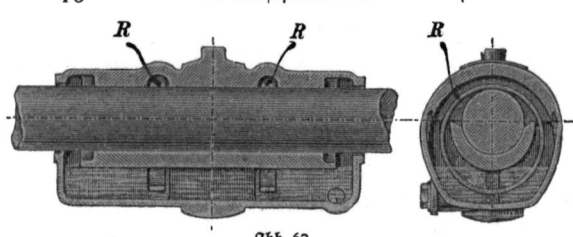

Abb. 62.

Wesentlich besser ist die sogenannte Ringschmierung, welche namentlich für Triebwerkswellen ausgedehnte Verwendung findet. Der Grundgedanke einer solchen Ringschmierung (Abb. 62) ist folgender. In dem Lager sind an zwei oder mehreren Stellen Höhlungen ausgespart, in welchen dünne gußeiserne Ringe R stecken, diese Ringe liegen oben lose auf der Welle auf und tauchen mit ihrem unteren Teile in Öl ein. Die geringe Reibung zwischen Ring und Welle genügt, um die Ringe in Umdrehung zu versetzen und so fortwährend geringe Mengen Öl aus dem unteren Teile der Lagerhöhlung auf die Welle heraufzubringen, wo es sich durch entsprechende Rillen, die in der oberen Lagerschale angebracht sind, über die ganze Lagerfläche verbreitet. Der Vorteil dieser Art von Schmierung besteht darin, daß die Schmierung eine sehr reichliche ist und doch keine Verschwendung von Öl eintritt, da das Öl immer wieder in den unteren Teil des Lagers zurücktropft und so wieder von neuem verwendet werden kann. Derartige Ringschmierlager können monatelang ohne jede Bedienung in Betrieb stehen, was bei umfangreichen Wellenleitungen in Fabriken natürlich von großer wirtschaftlicher Bedeutung ist.

Bei sehr wichtigen Lagern, wie es z. B. die Kurbelwellenlager großer Wärmekraftmaschinen oder die Lager von Dampfturbinen sind, wird die Anordnung so getroffen, daß das Öl durch besondere kleine Preßpumpen in ununterbrochenem Strome durch die Lager hindurchgedrückt wird. Das aus dem Lager kommende Öl durchstreicht eine Reinigungs- und eine Kühlvorrichtung und wird sofort wieder verwendet, so daß ein dauernder Kreislauf des Öles entsteht. Thermometer, welche in die Lagerschalen eingesetzt, gegebenenfalls sogar mit einer elektrischen Warnungsschelle verbunden sind, zeigen dem Maschinisten an, ob die Temperatur im Lager nicht zu hoch, die Schmierung also auch gut im Gange ist.

III. Räder.

Einleitung.

Erklärungen und Bewegungsgesetze.

Allgemeines. Es liege eine von einem Wasserrade, einer Dampfmaschine od. dgl. angetriebene Welle vor, welche ständig in ein und derselben Richtung umläuft, und es soll nun die Aufgabe gelöst werden, von dieser Welle eine andere so anzutreiben, daß sie sich ebenfalls ständig umdreht. Als Hilfsmittel dazu dienen geeignet gestaltete Scheiben oder Räder, von denen je eins auf jeder Welle sitzt. Man kann sie in zwei große Klassen einteilen, nämlich erstens in solche Räder, welche einander unmittelbar berühren, und zweitens in Räder, welche durch ein Übertragungsmittel (Riemen, Seil oder Kette) miteinander in Verbindung stehen. Soll dabei die Bewegungsübertragung eine ständige sein, so ist offenbar bei beiden Klassen von Rädern die Bedingung zu stellen, daß niemals zwischen den Rädern untereinander oder zwischen Rad und Zugorgan ein Gleiten eintritt.

Der Einfachheit halber sollen hier nur kreisförmige Räder und Scheiben behandelt werden, deren Mittelpunkt mit dem Mittelpunkte der Welle zusammenfällt.

Unmittelbar sich berührende Räder. Zu der ersten Klasse von Rädern gehören die Reibungsräder und Zahnräder. Unter Reibungsrädern versteht man glatte Scheiben, deren Umfänge in radialer Richtung fest aneinandergepreßt sind, so daß infolge der an den Umfängen auftretenden Reibung die eine Scheibe durch die andere mitgenommen wird.

Zahnräder dagegen sind Räder, deren Umfänge mit Vorsprüngen (Zähnen) und Lücken versehen sind, die stets ineinander eingreifen, so daß also die Mitnahme des einen Rades durch das andere nicht durch einen radialen Druck geschieht wie bei den Reibungsrädern, sondern durch einen tangentialen.

Sind die durch die Räder miteinander zu verbindenden Wellen gleichlaufend, so spricht man von zylindrischen oder Stirnrädern (Abb. 63 S. 42 und 75 S. 46), wobei noch unterschieden werden kann zwischen Rädern, die sich beide an ihrem äußeren Umfange berühren,

42 III. Räder

Abb. 63.

Außenräder (Abb. 75), und Rädern, von denen eins an seinem inneren Umfange von dem anderen berührt wird: Innenräder (Abb. 63)[1]).

Würden sich die beiden zu verbindenden Wellenstränge hinreichend verlängert im Raume schneiden, so erhält man Kegelräder (Abb. 64). Kreuzen sich die beiden Wellen im Raume, ohne einander zu schneiden, so erhält man Hyperbelräder (Abb. 90 S. 54).

Räder, welche sich nicht unmittelbar berühren. Die zweite obenerwähnte Klasse von Rädern findet ihre Anwendung bei dem sogenannten Riementrieb, Seiltrieb und dem selteneren Kettentrieb. Die Gestalt der Räder ist hier in allen Fällen zylindrisch, jedoch unterscheidet man je nach Lage der miteinander zu verbindenden Wellen drei Arten des Betriebes, nämlich:

1. Den offenen Betrieb (Abb. 65) bei gleichlaufenden parallelen Wellen.
2. Den gekreuzten Betrieb (Abb. 66) bei parallelen aber gegenläufigen Wellen.
3. Den geschränkten Betrieb (Abb. 67) bei Wellen, die einander im Raume kreuzen, ohne sich zu schneiden, deren Wellen also in parallelen Ebenen liegen, aber selbst nicht parallel laufen.

Ehe auf die Beschreibung der Räder im

1) Aus einem Kataloge von Fr. Stolzenberg & Co., Berlin-Reinickendorf West.

Abb. 64.

Räder. Bewegungsgesetze

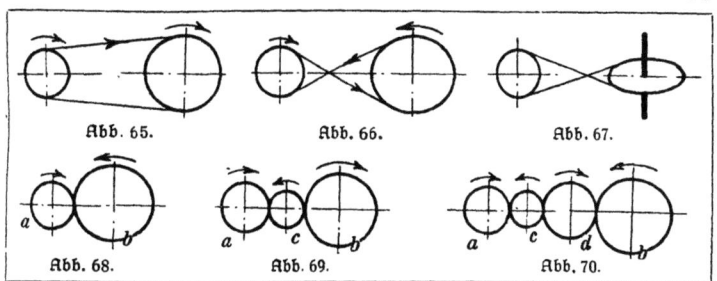

Abb. 65.   Abb. 66.   Abb. 67.
Abb. 68.   Abb. 69.   Abb. 70.

einzelnen eingegangen werden soll, mögen folgende **wichtige allgemeine Sätze** hier Platz finden.

Erster Satz. Bei einem sich unmittelbar berührenden Räderpaare haben die Räder entgegengesetzte Drehrichtung bei Außenrädern; dieselbe Drehrichtung bei Innenrädern. Dies folgt sofort aus der Betrachtung der Abb. 63 und Abb. 68.

Zweiter Satz. Ein zwischen zwei Räder mit entgegengesetzter Drehrichtung geschaltetes Rad verändert die bisherige Drehrichtung der angetriebenen Welle in die entgegengesetzte, so daß beide Wellen a und b in Abb. 69 bzw. a, d und c, b in Abb. 70 dieselbe Drehrichtung erhalten.

Dritter Satz. Stehen die Räder in Verbindung durch ein Zugorgan, so haben die Wellen gleiche Drehrichtung bei einem offenen Betriebe; entgegengesetzte Drehrichtung bei gekreuztem Betriebe (vgl. die Abb. 65 und 66).

Da nach der auf S. 41 ausgesprochenen Bedingung ein Gleiten zwischen zwei mittelbar oder unmittelbar miteinander in Verbindung stehenden Rädern nicht eintreten darf, so folgt daraus sofort ein

Vierter Satz. Zwei sich mittelbar oder unmittelbar berührende Räder besitzen gleiche Umfangsgeschwindigkeit c, d. h. jeder Punkt des Umfanges der beiden Räder legt in einer Zeiteinheit denselben Weg zurück.

Hat ein sich drehendes Rad den Halbmesser r, so hat sein Umfang bekanntlich die Größe $2r\pi$. Macht dabei das Rad n Umdrehungen in der Minute, so legt ein Punkt am Umfange des Rades in der Minute den Weg $2r\pi n$ Meter zurück. Denselben Weg muß aber nach dem eben ausgesprochenen Satz IV auch jeder Punkt am Umfange des zweiten Rades zurücklegen. Hat dieses zweite Rad den Halbmesser r_1, und dreht es sich dabei $n_1$mal in der Minute um, so kann man Satz IV auch in der Form ausdrücken: Bei zwei sich mittelbar oder unmittelbar berührenden Rädern muß stets

$$2r\pi n = 2r_1\pi n_1$$

sein, und daraus folgt endlich in einfacher Weise ein sehr wichtiger

Fünfter Satz. Bei zwei sich mittelbar oder unmittelbar berührenden Rädern ist stets

$$rn = r_1 n_1 \quad \text{oder} \quad \frac{n}{n_1} = \frac{r_1}{r}.$$

In Worten: Die minutlichen Umdrehzahlen zweier Wellen verhalten sich umgekehrt wie die Halbmesser der auf ihnen sitzenden Räder, durch welche sie miteinander in Verbindung stehen.

Beispiel: Von einer Welle a, welche $n_a = 80$ Umdrehungen in der Minute macht, soll eine andere Welle b angetrieben werden, welche $n_b = 120$ Umdrehungen in der Minute machen soll. Lösung: Setzt man auf die Welle a eine Scheibe (ganz gleichgültig, ob Riemenscheibe, Zahnrad oder dgl.), z. B. vom Halbmesser $r_a = 60$ cm, dann muß die entsprechende Scheibe auf der Welle b einen Halbmesser r_b erhalten, dessen Größe sich ergibt aus der Beziehung

$$r_b = r_a \cdot \frac{n_a}{n_b} = 60 \, \frac{80}{120} = 40 \text{ cm}.$$

Sechster Satz. Mehrere Wellen mit je einem Rade. Soll eine Welle b von einer Welle a aus durch unmittelbar sich berührende Räder angetrieben werden in der Weise, daß eine oder mehrere Wellen mit je einem daraufsitzenden Rade dazwischengeschaltet werden (Abb. 70), so ist die Anzahl und Größe der dazwischengeschalteten Räder ohne Einfluß auf das Übersetzungsverhältnis der Wellen a und b.

Nach Satz IV ist nämlich

$$2r_a\pi \cdot n_a = 2r_c\pi n_c = 2r_d\pi n_d = 2r_b\pi n_b;$$

das heißt aber, da 2π sich überall forthebt,

$$r_a \cdot n_a = r_b \cdot n_b \quad \text{oder} \quad \frac{n_a}{n_b} = \frac{r_b}{r_a}.$$

Das Übersetzungsverhältnis der Wellen a und b ist also genau dasselbe, als wenn die Zwischenräder c und d nicht vorhanden wären.

Siebenter Satz. Mehrere Wellen mit paarweise darauf befindlichen Rädern. Bezeichnet wieder r den Halbmesser der einzelnen Räder,

Bewegungsgesetze. Reibungsräder

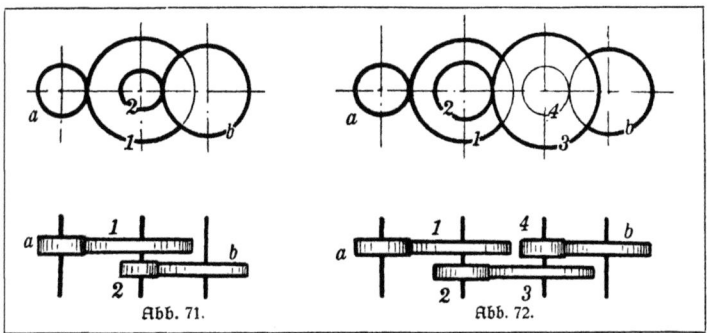

Abb. 71. Abb. 72.

n die Umdrehzahl in der Minute, so ergibt sich nach Satz V und Abb. 71

$$n_1 = n_a \frac{r_a}{r_1}, \quad n_b = (n_2) \frac{r_2}{r_b}.$$

Da nun Rad 1 und 2 auf einer gemeinschaftlichen Welle befestigt sind, so ist $n_2 = n_1$, und es ergibt sich

$$n_b = \left(n_a \frac{r_a}{r_1}\right) \frac{r_2}{r_b} \quad \text{oder} \quad \frac{n_a}{n_b} = \frac{r_b}{r_a}\left(\frac{r_1}{r_2}\right).$$

Man sieht sofort, wie das weitergeht: bei zwei zwischengeschalteten Räderpaaren z. B. erhält man (Abb. 72):

$$\frac{n_a}{n_b} = \frac{r_b}{r_a}\left(\frac{r_1}{r_3} \cdot \frac{r_3}{r_4} \cdot \ldots \right) \text{usw.}$$

a) Unmittelbar sich berührende Räder.

1. Reibungsräder.

Unter Reibungsrädern verstanden wir (S. 41) glatte Scheiben, deren Umfänge in radialer Richtung fest aneinandergedrückt werden, so daß infolge der an den Umfängen auftretenden Reibung die eine Scheibe durch die andere mitgenommen wird.

Die Anwendung der Reibungsräder im Maschinenbau ist beschränkt. Sollen nämlich große Kräfte durch solche Räder übertragen werden, so müßten, um ein Gleiten der Umfänge aufeinander zu vermeiden, die Räder sehr stark aneinandergedrückt werden, was wiederum starke Abnutzung zur Folge hätte. Will man die Reibung zwischen den Rädern erhöhen, so kann man die Umfänge keilförmig gestalten

46 III. Räder

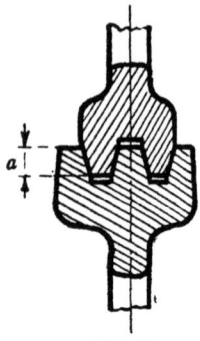

Abb. 73.

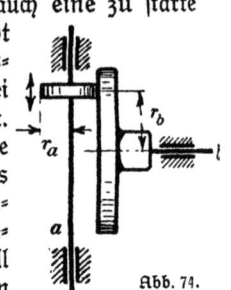

Abb. 74.

(Abb. 73). Jedoch darf die Tiefe der Rillen (a) nicht zu groß werden (etwa 10—12 mm), da sonst eine zu starke Abnutzung, gegebenenfalls auch eine zu starke Erwärmung der Räder eintritt. Recht fesselnd ist eine Art von Reibungsrädern, die unter anderem z. B. bei Kraftwagen angewendet worden ist. Es s.i b (Abb. 74) eine Welle, die (z. B. von der Antriebsmaschine des Kraftwagens) in ständiger, ungefähr gleichbleibender Umdrehung gehalten wird. Von dieser Welle soll eine andere Welle a (die mit den Rädern des Kraftwagens in Verbindung steht) so angetrieben werden, daß nicht nur die Umdrehzahl, sondern sogar auch die Drehrichtung von a geändert werden kann. Zu diesem Zwecke befestigt man auf dem Ende von b eine glatte Scheibe, gegen deren Fläche sich ein auf der Welle a befindliches Rad fest anlegt. Dieses Rad ist dabei so angeordnet, daß es sich auf der Welle verschieben läßt, aber doch bei jeder Drehung die Welle a mitnimmt (Verbindung vermittels Nut und Feder; vgl. S. 10). Nach dem auf S. 44 genannten Satze V ist

$$n_a = n_b \frac{r_b}{r_a}.$$

Man erkennt sofort: je kleiner r_b wird, d. h. je mehr das Rad a dem Mittelpunkte der Scheibe b genähert wird, um so langsamer dreht sich die Welle a, und wenn das kleine Rad über den Mittelpunkt von b hinausgeschoben wird, kehrt die Welle a ihre Drehrichtung um.

2. Zahnräder.

Allgemeines. Es seien I und II (Abb. 75) Stücke zweier ineinander eingreifender Zahnräder. Denkt man sich die beiden Räder um ihren Mittelpunkt gedreht, so erkennt man, daß sie offenbar mit stets wechselnden Radien ineinander

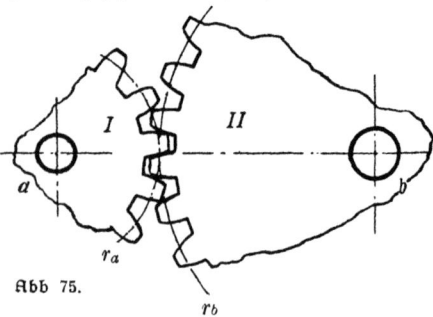

Abb 75.

Zahnräder. Verzahnungsgesetz

eingreifen, denn einmal wird die Spitze eines Zahnes vom Rade I auf dem Grunde der Lücke des Rades II anliegen, während bald darauf die Verhältnisse umgekehrt sind. Es fragt sich nun, welcher Augenblick der Berührung ist maßgebend für das Übersetzungsverhältnis der beiden Wellen

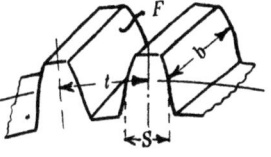

Abb. 76.

a und b. Die Antwort hierauf ist folgende: Denkt man sich die Mittelpunkte a und b der beiden Wellen durch eine Gerade, die sogenannte „Zentrallinie", verbunden, so ist für die Übersetzung derjenige Punkt maßgebend, in welchem sich zwei Zähne der beiden Räder in der Zentrallinie berühren. Denkt man sich jetzt durch diesen Punkt um die Mittelachse a und b Kreise geschlagen vom Halbmesser r_a und r_b, so ist bei richtig ausgeführten Zahnrädern die Bewegungsübertragung von einer Welle auf die andere so, als wenn zwei glatte (Reibungs=) Räder von der Größe dieser beiden Kreise aufeinanderrollen. Die Umfangsgeschwindigkeiten dieser beiden Kreise sind dann nach dem früheren Satze IV (S. 43) offenbar einander gleich.

Sämtliche Zähne zweier ineinander eingreifender Räder müssen selbstverständlich den gleichen Abstand voneinander haben. Diesen Abstand (t) der Mitten zweier Zähne voneinander, gemessen auf dem ebengenannten Kreise, nennt man die Teilung des Zahnrades (vgl. Abb. 76), die beiden Kreise führen daher den Namen Teilkreise. Sie spielen bei den Zahnrädern eine wichtige Rolle, da man sich, wie ja eben erwähnt, die Zahnräder in ihrer Wirkung geradezu durch ein Paar Reibungsräder von diesem Teilkreishalbmesser ersetzt denken kann. Wenn daher von dem Halbmesser eines Zahnrades die Rede ist, so ist damit stets der Halbmesser des betreffenden Teilkreises gemeint.

Verzahnungsgesetz. Es ist wohl ohne weiteres einleuchtend, daß der Umfang des Teilkreises ein Vielfaches der Teilung t sein muß, und zwar derart, daß t in dem Umfange z mal enthalten ist, wobei z die Anzahl der Zähne des Rades bedeutet. Da nun der Umfang des Teilkreises bekanntlich gleich $2r\pi$ ist, wobei r den Halbmesser des Teilkreises bedeutet, so erhält man das einfache, aber ungemein wichtige Verzahnungsgesetz, das für alle Zahnräder gilt, nämlich

$$2r\pi = z \cdot t.$$

Andere wichtige Gesetze. Wenden wir den eben erhaltenen Satz auf die beiden Zahnräder (Abb. 75) an, so erhält man, da die Teilung bei zwei ineinander eingreifenden Rädern genau gleich sein muß,

$$\text{für Rad I: } 2r_a \pi = z_a \cdot t$$
$$\text{für Rad II: } 2r_b \pi = z_b \cdot t$$

und daraus das wichtige Gesetz $\dfrac{r_a}{r_b} = \dfrac{z_a}{z_b}$;

in Worten: Es verhalten sich die Teilkreisradien zweier ineinander eingreifender Zahnräder wie die Zähnezahlen der beiden Räder und umgekehrt.

Nach dem S. 44 gefundenen Satz V verhalten sich aber die Umdrehzahlen zweier voneinander abhängiger Wellen umgekehrt wie die Radien der auf ihnen sitzenden Räder, oder

$$\frac{r_a}{r_b} = \frac{n_b}{n_a} \text{ und } \frac{n_a}{n_b} = \frac{r_b}{r_a},$$

und daraus folgt sofort auch das weitere wichtige Gesetz $\dfrac{n_a}{n_b} = \dfrac{z_b}{z_a}$;

in Worten: Die Umdrehzahlen zweier ineinander eingreifender Zahnräder (oder zweier Wellen) verhalten sich umgekehrt wie die Zähnezahlen der beiden Zahnräder.

Wir können also in dem Beispiel auf S. 44 statt der Zentimeter auch Zähnezahlen setzen und sagen: Wenn das auf der Welle a sitzende Zahnrad 60 Zähne hat und die Welle a 80 Umdrehungen in der Minute macht, dann muß das Zahnrad auf der Welle b 40 Zähne haben, damit die Welle b 120mal in der Minute umläuft.

Ebenso läßt sich jetzt der Satz VII auf S. 44 offenbar auch so schreiben:

$$\frac{n_a}{n_b} = \frac{z_b}{z_a} \left(\frac{z_1}{z_2} \cdot \frac{z_3}{z_4} \ldots \ldots \right),$$

wobei z_a, z_1, z_2 usw. die Zähnezahlen der Räder a, 1, 2 usw. bedeuten.

Erklärung. Da für die folgenden Besprechungen eine Reihe von Bezeichnungen wichtig sind, mögen diese Bezeichnungen an Hand der Skizze (Abb. 76 S. 47) erläutert werden. Die Abmessung b nennt man die Zahnbreite, s ist die Zahnstärke, F sind die Zahnflanken, t ist die mehrfach erwähnte Zahnteilung.

Form der Zahnflanken. Kommt es nur darauf an, daß ein Zahnrad durch das andere überhaupt eine Drehbewegung erhält, so könnte

Zahnflanken. Arten der Verzahnung 49

die Form der Zahnflanken in weiten Grenzen beliebig gewählt werden. Es wird jedoch stets die Bedingung gestellt, daß die Bewegung der Zahnräder ebenso gleichmäßig erfolgen soll, als wenn an Stelle der beiden Zahnräder zwei aufeinander rollende Reibungsräder von der Größe der beiden Teilkreise vorhanden wären. Aus diesem Grunde ist die Form der Zahnflanken nicht beliebig, sondern die geforderte Gleichmäßigkeit der Bewegung tritt aus Gründen, die zu erörtern hier zu weit führen würde, nur dann ein, wenn die Zahnflanken in ihren einzelnen Teilen entweder aus Zykloiden verschiedener Art oder unter Zuhilfenahme von Evolventen geformt sind, und man unterscheidet demnach Zahnräder mit Zykloidenverzahnung und solche mit Evolventenverzahnung.

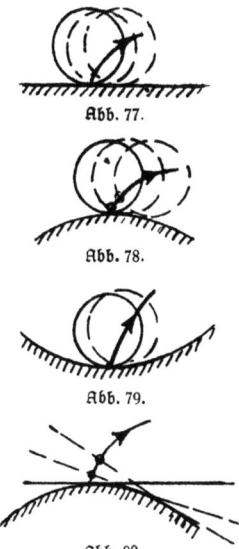

Abb. 77.

Abb. 78.

Abb. 79.

Abb. 80.

Was die Bedeutung und Form dieser Kurven betrifft, so sei kurz folgendes erwähnt: Eine Zykloide nennt man eine Kurve, welche entsteht durch die Bewegung eines Punktes am Umfange eines Kreises, welcher auf einer Geraden oder auf dem äußeren oder inneren Umfange eines Kreises abgewälzt wird. Die drei Kurven führen dann die besonderen Namen: gemeine Zykloiden (Abb. 77), Epizykloiden (Abb. 78) und Hypozykloiden (Abb. 79). Evolvente nennt man diejenige Kurve, welche ein Punkt einer auf dem Umfange eines Kreises abwälzenden Geraden beschreibt (Abb. 80).

Zykloiden- und Evolventenverzahnung. Auf die genauere Ausbildung der eben besprochenen Zahnformen, sowie namentlich auf die Abhängigkeit der Zahnformen von der Anzahl der Zähne und von dem Halbmesser des Rades kann hier aus Raummangel nicht eingegangen werden. Es mögen daher nur folgende kurzen Bemerkungen darüber hier Platz finden. Die aus Zykloiden gebildeten Zahnflanken haben im allgemeinen eine S-Form (Abb. 81), während die Evolventenzähne im allgemeinen nach Art der Abb. 82 geformt sind. Bei gleicher Stärke im Teilkreise ist also der Evolventenzahn am Zahn-

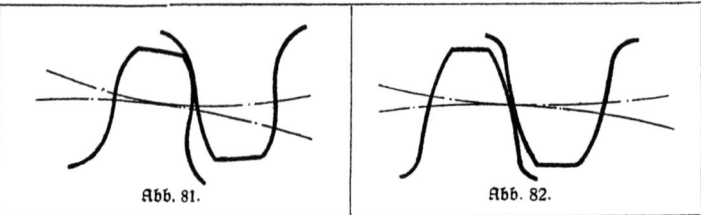

Abb. 81.   Abb. 82.

fuß stärker als der Zykloidenzahn (vgl. die Abbildungen) und kann daher auch größere Kräfte übertragen. Kommt es dagegen nicht auf die Übertragung großer Kräfte, also auf besonders große Festigkeit des Zahnes an, sondern spielt mehr die Abnutzung der Zähne eine Rolle, so ist die Zykloidenzahnform im allgemeinen günstiger. Hier läuft nämlich nicht, wie bei Evolventenzähnen, die konvexe Flanke auf einer konvexen (Abb. 82), sondern eine konkave Flanke auf einer konvexen (Abb. 81), die Zykloidenflanken berühren sich daher in einer verhältnismäßig breiten Fläche, während sich die Evolventenflanken (auf der ganzen Breite des Zahnes) nur in einer Linie berühren, so daß die Abnutzung hier eine viel stärkere wird.

Man findet daher die Evolventenverzahnung hauptsächlich bei Rädern für Winden, Krane u. dgl., wo große Kräfte durch die Zahnräder zu übertragen sind. Anders dagegen bei Kraftmaschinen. Soll hier vermittels Zahnradübersetzung irgendeine Welle angetrieben werden, so pflegt man die Zykloidenverzahnung vorzuziehen, da bei einer solchen Übertragung im allgemeinen nur kleine Kräfte in Frage kommen, während die Abnutzung infolge des ununterbrochenen raschen Arbeitens der Räder eine wesentliche Rolle spielt.

3. Zahnräder besonderer Art.

Zahnstangen. Eine bauliche Abart der gewöhnlichen Stirnzahnräder (Abb. 75 auf S. 46) erhält man dann, wenn der Halbmesser des einen Rades

Abb. 83.

Zahnstangen. Kegelräder. Pfeilräder 51

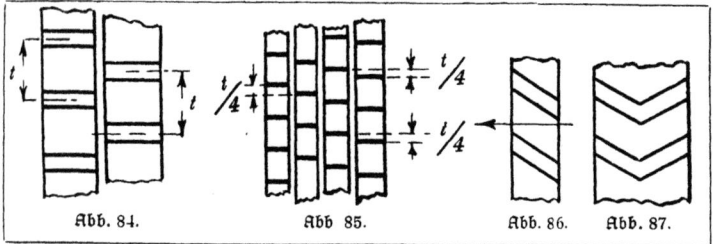

Abb. 84.   Abb 85.   Abb. 86.   Abb. 87.

„unendlich groß" wird. Das Zahnrad mit „unendlich großem" Halbmesser bekommt dann die Form einer Zahnstange (Abb. 83)[1]).

Kegelräder. Eine weitere bauliche Besonderheit ist es, wenn die Zähne sich nicht auf dem Umfange zylindrischer Räder befinden, sondern auf dem Umfange kegelförmiger Räder (Abb. 64 auf S. 42). Es gelten hier genau dieselben Verzahnungsregeln, die früher auf S. 43 besprochen wurden. Zu bemerken wäre vielleicht noch, daß der Winkel, den die beiden mit Kegelrädern versehenen Wellen miteinander bilden, in der Regel ein rechter ist, jedoch können auch Kegelräder für beliebige andere Winkel ausgeführt werden.

Pfeilräder. Eine eigentümliche Gattung der Zahnräder bilden die sogenannten Pfeilräder, deren Zweck und Wirkungsweise sich aus folgender Betrachtung ergibt. Es dürfte nicht schwer einzusehen sein, daß, gute Herstellung vorausgesetzt, eine Kraftübertragung durch Zahnräder von einer Welle auf eine andere gleichmäßiger und sicherer vor sich geht, wenn auf jeder Welle zwei Zahnräder nebeneinander sitzen, deren Zähne immer um eine halbe Teilung gegeneinander versetzt sind (Abb. 84). Was von zwei Rädern gilt, ist natürlich um so mehr der Fall z. B. bei vier Rädern, bei denen die Zähne immer um je $1/4$ der Teilung gegeneinander versetzt sind (Abb. 85). Vergrößert man die Zahl der Räder immer mehr bis ins „Unendliche", wobei die Breite der Zähne zugleich immer geringer wird, so bekommt man schließlich, wenn man alle diese unendlich dünnen Zahnräder zusammenlegt, ein einziges Zahnrad, dessen Zähne nicht mehr zu der Achse des Zahnrades parallel laufen (Abb. 86). Läßt man nun zwei solcher Zahnräder ineinander greifen, so tritt infolge der schrägstehenden Zähne die unangenehme Erscheinung auf, daß die Zahn-

---

[1]) Abb. 64, 83, 89, 90 aus einem Kataloge der Zahnräderfabrik Otto Döring, Berlin N.

Abb. 88.

Schraube ohne Ende 53

räder das Bestreben haben, die Wellen, auf denen sie befestigt sind, in der Längsrichtung (Abb. 86) zu verschieben. Dieser Übelstand läßt sich dadurch beseitigen, daß man auf dieselben Wellen ein zweites Zahnräderpaar aufsetzt, dessen Zähne nach der entgegengesetzten Seite geneigt sind. Man erhält aber auch offenbar dieselbe Wirkung, wenn man statt dessen Zahnräder ausführt, deren Zähne nach Abb. 87 gestaltet sind, und da die beiden schräg gegeneinandergestellten Zahnhälften dieser Zähne sich gewissermaßen gegenseitig stützen und somit eine erhöhte Festigkeit haben, sind solche Zahnräder (man nennt sie dann aus leicht ersichtlichem Grunde Pfeilräder) für die Übertragung großer Kräfte, z. B. in Walzwerken, bei Hebezeugen u. dgl., stark in Aufnahme gekommen.

Eine besonders eigentümliche Ausbildung der Pfeilräder zeigt die Abb. 88 (von der Bergischen Stahlindustrie in Remscheid). Man könnte sie als doppelte Pfeilräder bezeichnen. Ihre Anwendung bietet, wie leicht zu erkennen, die eben besprochenen Vorteile der Pfeilräder in erhöhtem Maße.

Schraube ohne Ende. Wenn zwei Wellen sich im Raume kreuzen, ohne einander zu schneiden, und die eine Welle durch die andere angetrieben werden soll, so kann dies geschehen mit Hilfe eines Getriebes, das man als Schnecke mit Schraubenrad, auch wohl als Schraube ohne Ende (Abb. 89) zu bezeichnen pflegt. Das kleinere Rad, die Schnecke, hat Ähnlichkeit mit einer Schraube, wobei der Querschnitt des Schraubengewindes die Form des Zahnes einer Zahnstange erhält. Die Zähne des größeren Rades erhalten dann zweckmäßigerweise bei guten Ausführungen die Form von Ausschnitten aus dem Gewinde einer Schraubenmutter, in welche die Schraubengänge der Schnecke hineinpassen. Näheres über dieses Getriebe und seine Anwendung siehe des Verfassers „Hebezeuge", Bd. 196 dieser Sammlung (vgl. auch Abb. 103 auf S. 65).

Abb. 89.

Bezüglich der Bewegungsübertragung von der einen Welle auf die andere wäre noch zu beachten, daß diese Übertragung genau dem Vorgange bei der Bewegung einer Schraube in dem zugehörigen Schraubenmuttergewinde entspricht. Ist also das „Gewinde" auf der Schnecke als „eingängige" Schraube ausgeführt (Abb. 89), so entspricht einer einmaligen vollen Umdrehung der Schnecke eine Drehung des Schraubenrades um einen Zahn, bei einer zweigängigen Schraube um zwei Zähne usw.

Schraubenräder. Das eben besprochene Getriebe kann man in der Weise abändern, daß man die Schnecke als Schraube von sehr vielen Gängen ausführt, so daß also die Gewindegänge sehr „steil" werden, d. h. sich immer mehr nach der Achse der Schnecke hinneigen. Schneidet man nun senkrecht zur Achse der Schnecke ein Stück aus ihr heraus, so erhält man in der Form einer Scheibe oder eines Rades mit sehr schief stehenden Zähnen eine neue Klasse von Zahnrädern (Abb. 90), die man als Schraubenräder zu bezeichnen pflegt. Im Maschinenbau finden sie zur Übertragung kleinerer Kräfte nicht selten Anwendung, z. B. bei Gasmaschinen zum Antriebe der Steuerwellen, welche in der Regel senkrecht zur Hauptmaschinenwelle und unterhalb von ihr angeordnet sind. Zur dauernden Übertragung großer Kräfte sind derartige Schraubenräder (ebenso wie die Schneckenräder) wegen der ziemlich beträchtlichen Reibungsverluste wenig geeignet.

Abb. 90.

b) Räder zur Kraftübertragung mittels Zugorganen.

1. Vorbemerkungen.

Allgemeines. Ist die Entfernung zweier Wellen so groß, daß unmittelbar sich berührende Räder zu bedeutende Abmessungen erhalten würden, oder soll aus sonstigen Gründen die Anwendung von Zahnrädern oder Reibungsrädern vermieden werden, so kann eine Welle von einer anderen auch dadurch angetrieben werden, daß man auf jeder der beiden Wellen eine geeignet gestaltete Scheibe anbringt und um diese Scheiben ein Zugorgan (Band, Riemen, ein oder mehrere Seile, Kette od. dgl.) herumschlingt.

Sieht man von den Ketten ab, die für Kraftübertragungen von untergeordneter Bedeutung sind, so geschieht das Festhalten des Zugorganes auf den Scheiben durch Reibung, und zwar kann diese Reibung auf dreierlei Weise erzeugt werden: erstens dadurch, daß das Zugorgan in gespanntem Zustande auf die Scheibe aufgebracht wird (z. B. beim Riementrieb, Hanfseil= und Baumwollseiltrieb), zweitens dadurch, daß die eigene Schwere des Zugorgans die Reibung hervorruft (angewendet beim Drahtseiltrieb), endlich drittens durch Anwendung von besonderen Spannrollen.

Treibende und getriebene Scheiben. Ist a (Abb. 91) diejenige Welle, von der die Bewegung ausgeht, so nennt man a die treibende Welle (Scheibe), b die getriebene Welle (Scheibe). Die beiden zwischen den Scheiben befindlichen Stücke des Zugorganes nennt man ein Trum und unterscheidet dann ebenfalls zwischen einem ziehenden (Riemen=, Seil= oder Ketten=) Trum und einem gezogenen Trum. Ist die Drehrichtung der Scheiben die in der Abbildung angegebene, so ist z das ziehende, g das gezogene Trum. Um zu erkennen, welches in jedem Falle das ziehende und welches das gezogene Trum ist, braucht man sich nur für einen Augenblick das endlos um die Scheiben geschlungene Band an je einer Stelle der beiden Scheiben befestigt zu denken. Man erkennt dann z. B. in Abb. 91 sofort, daß die Bewegungsübertragung von der treibenden auf die getriebene Welle eben nur durch das in der Abbildung untere Trum z erfolgt, während das Trum g einfach von der Scheibe b mitgezogen wird.

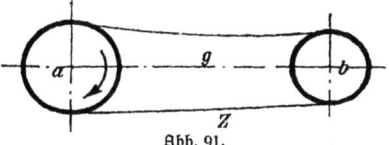

Abb. 91.

Auf die drei möglichen Betriebsarten des offenen, gekreuzten und geschränkten Betriebes wurde bereits auf S. 42 hingewiesen.

2. Riementrieb.

Der Riemen. Der Stoff des Bandes, welches beim Riementrieb um die Scheiben geschlungen wird, besteht in den meisten Fällen aus Leder. Das scheint zwar schon in dem Worte „Riemen" zu liegen; jedoch sind, hauptsächlich infolge der hohen Preise solcher Lederriemen, auch andere Stoffe in Aufnahme gekommen, z. B. Baumwolle, Kamel=

haar, Gummi u. dgl., für die sich dann ebenfalls der Name „Riemen" eingebürgert hat.[1])

Betrachten wir zunächst den immer noch am häufigsten angewandten Lederriemen, so ist zu beachten, daß ein solcher Riemen naturgemäß aus verhältnismäßig kleinen Stücken zusammengesetzt werden muß, da man sowohl in der Länge wie in der Breite und Dicke an die Abmessungen der Ochsenhäute (nur solche werden zweckmäßigerweise verwendet) gebunden ist. Die Dicke der Häute beträgt in den Rückenstücken, welche die besten Treibriemen liefern, im Mittel etwa 5—6 mm, die größte verwendbare Breite dieser Stücke etwa 500 bis 600 mm, die Länge etwa $1^1/_2$ m. Hieraus folgt also, daß Treibriemen immer aus einzelnen Stücken zusammengesetzt werden müssen, und zwar geschieht dieses Zusammensetzen am besten durch Zusammenleimen oder Zusammennähen der einzelnen Stücke. Andere Verbindungsarten, so z. B. unter Zuhilfenahme von Metallteilen (Schrauben, Nieten, Krallen u. dgl.) kommen auch vor. Sie haben den Vorzug der Einfachheit und Billigkeit, stehen aber ihrem Werte nach dem Verbinden durch Leimen und Nähen nach.

Reicht die Dicke der Riemen nicht aus, so näht man wohl zwei oder gar drei Riemenlagen übereinander und erhält dann einen doppelten und dreifachen Riemen, doch möge gleich hier kurz erwähnt werden, daß solche zwei- und dreifachen Riemen durchaus nicht etwa das Zwei- und Dreifache leisten wie einfache Riemen von gleicher Breite.

Riemenabmessungen. Es scheint zunächst, als wenn man bezüglich der Abmessungen eines Riemens zwei Größen zur freien Auswahl hätte, die Dicke und die Breite des Riemens. Was zunächst die Breite anbetrifft, so ist sie theoretisch insofern unbeschränkt, als man, wie eben erwähnt, durch Aneinanderfügen einzelner Häute Riemen beliebiger Breite herstellen kann. Sehr breite Riemen haben jedoch die unangenehme Eigenschaft, daß sie nicht ruhig laufen. Sie kommen in starke Schwankungen, sie „schlagen" und liegen infolgedessen nicht dauernd auf den Scheiben auf, wodurch ihre Übertragungskraft wesentlich

---

[1] Die durch den Krieg und die Nachkriegszeit hervorgerufenen Schwierigkeiten haben dazu geführt, noch andere Ersatzstoffe wie Papier, Zellulose u. dgl. an Stelle von Leder für Treibriemen zu verwenden. Ein näheres Eingehen auf alle diese Stoffe und ihre Eigenschaften für die Kraftübertragung hat an dieser Stelle keinen Wert, da sie schwerlich eine nennenswerte Bedeutung erlangen werden.

Riemenabmessungen. Riemengeschwindigkeit

herabgemindert wird. Man geht daher bei einfachen Riemen nicht gern über 500—600 mm Riemenbreite hinaus. Was die Dicke der Riemen betrifft, so wurde vorhin schon erwähnt, daß die besten, aus dem Rücken herausgeschnittenen Stücke der Häute nur etwa 5—6 mm dick sind. Nach der Bauchseite hin werden die Häute etwas stärker (bis zu 8 mm), doch ist die Güte dieser Stücke in der Regel geringer.

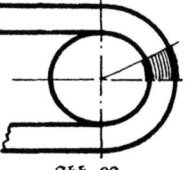

Abb. 92.

So bleibt also bezüglich der Dicke nur das Aushilfsmittel der doppelten und dreifachen Riemen, doch sind mit Bezug hierauf die folgenden Betrachtungen von Wichtigkeit: Je dünner ein Riemen ist, um so besser ist er, d. h. um so höher kann er bei sonst gleichem Gesamtquerschnitt belastet werden. Betrachtet man nämlich Abb. 92, die einen sehr dicken um eine Scheibe herumgeschlungenen Riemen darstellt, so erkennt man leicht, daß beim Herumbiegen des Riemens um die Scheibe die außenliegenden Riementeile gegenüber den innenliegenden Teilen sehr stark auseinandergezerrt werden, und es ist klar, daß der schon durch dieses Herumbiegen so stark in Anspruch genommene Riemen nicht auch noch in dem Verhältnis seiner Dicke stärker belastet werden kann als ein sehr dünner Riemen von sonst gleich großem Querschnitt, bei welchem eine solch starke Beanspruchung durch das Herumbiegen um die Scheiben nicht auftritt.

Ist man somit bei Wahl der Dicke und Breite des Riemens beschränkt, wenn es sich um die Übertragung einer bestimmten Anzahl von Pferdestärken (PS)[1] handelt, so hat man glücklicherweise noch eine andere Größe zur Verfügung, welche ebenfalls von Einfluß ist auf die Anzahl der PS, die ein Riemen übertragen kann: die **Riemengeschwindigkeit**.

Riemengeschwindigkeit. Ist a (Abb. 93) die treibende, b die getriebene Scheibe, so ergibt sich aus der Anwendung des einfachen Hebelgesetzes, daß
$$P_1 \cdot r_1 = P_2 \cdot r_2,$$
mit anderen Worten: die an dem Umfange der Scheibe a wirkende Kraft P wird um so kleiner, je

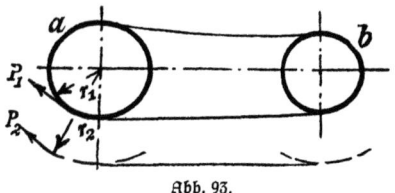

Abb. 93.

[1] Bez. des Ausdruckes Pferdestärke siehe des Verf. Neuere Wärmekraftmaschinen I, Abschn. 1, Kap. 1, Bd. 21 dieser Sammlung.

III. Räder

größer ihr Hebelarm ist. Anderseits ergibt sich aber auch folgendes: Da die Welle a ebenso wie b eine bestimmte vorgeschriebene Anzahl von Umdrehungen in der Minute zu machen hat, muß die Kraft P einen um so größeren Weg in der Zeiteinheit zurücklegen (ihre Geschwindigkeit muß um so größer sein), je größer r ist, je größer also die Scheibe gemacht wird. Da nun der Riemen durch die Reibung auf der Scheibe festgehalten wird, ein Punkt des Riemens also dieselbe Geschwindigkeit haben muß wie der Umfang der Scheibe, so wirkt in ihm, dem ziehenden Trum des Riemens, eine um so kleinere Kraft, je größer die Riemengeschwindigkeit ist, je größer also (bei einer bestimmten Umdrehzahl der Welle) der Halbmesser der Scheibe gewählt wird. Die Geschwindigkeit des Riemens hängt also ab (vgl. Tab. S. 44) von der minutlichen Umdrehzahl der Welle (n) und von dem Halbmesser der Scheibe (R). Da der Riemen auf beiden Scheiben fest aufliegt, so ist leicht zu übersehen, daß (wie schon auf S. 43 hervorgehoben wurde) die Umfangsgeschwindigkeit der Scheibe b genau so groß sein muß wie die Umfangsgeschwindigkeit der Scheibe a.

Die Größe des Umfanges einer Scheibe vom Halbmesser R ist bekanntlich $2R\pi$ Meter. Diese Strecke muß also ein Punkt des Umfanges bei einer einmaligen Umdrehung des Rades zurücklegen. Bei n Umdrehungen in der Minute also $2R\pi \cdot n$ Meter. Folglich ist der Weg in der Sekunde, d. h. „die Umfangsgeschwindigkeit" des Rades und damit auch die Riemengeschwindigkeit

$$c = \frac{2R\pi \cdot n}{60} \text{ m/sek}$$

oder für überschlägige Rechnungen im Kopfe genügend genau $c = 0{,}1R \cdot n$, wobei R natürlich in Metern einzusetzen ist.

Berechnung eines Riemens. Ziehen wir aus dem eben Gesagten den Schluß, so erkennen wir: Die durch einen Riemen übertragbare Anzahl von PS ist erstens um so größer, je breiter der Riemen ist, zweitens um so größer, je größer die Riemengeschwindigkeit ist. Beides natürlich nur in gewissen Grenzen. In welchem Verhältnisse Riemenbreite und Riemengeschwindigkeit zu der Anzahl der zu übertragenden PS stehen, läßt sich rechnerisch allein nicht mit voller Sicherheit bestimmen, vielmehr müssen hier Erfahrungswerte in Rücksicht gezogen werden, die durch zahlreiche Versuche gewonnen wurden. Besonders einfach gestalten sich die Verhältnisse bei den am meisten

Riemenberechnung. Gewölbte Riemenscheiben

verwendeten einfachen Riemen, wo für mittlere Verhältnisse folgende einfache Formel brauchbare Werte ergibt. Es ist

$$N = b \cdot R \cdot n.$$

Hierin bedeutet: N die Anzahl der durch einen einfachen Riemen zu übertragenden PS, b die Breite des Riemens in Metern; R, in Metern gemessen, den Halbmesser der Riemenscheibe, n die minutliche Umdrehzahl der Welle, auf welcher die zur Berechnung gewählte Scheibe vom Halbmesser R sitzt.

Beispiel. Von einer Welle, welche $n_1 = 80$ Umdrehungen in der Minute macht, sollen auf eine andere Welle, welche $n_2 = 120$ Umdrehungen in der Minute machen soll, 18 PS durch einen einfachen Riemen übertragen werden. Die getriebene Welle muß dann offenbar eine kleinere Scheibe bekommen (vgl. S. 44).

Wählt man den Halbmesser dieser kleineren Scheibe $R_2 = 0,30$ m, dann ist zunächst (nach S. 44) $R_1 = \frac{120}{80} R_2 = 0,45$ m, und man erhält die Breite des gesuchten Riemens aus

$$b = \frac{N}{R \cdot n} = \frac{18}{0,3 \cdot 120} \text{ oder auch (wegen } R_1 n_1 = R_2 n_2\text{)} = \frac{18}{0,45 \cdot 80}$$
$$= 0,5 \text{ m}.$$

Die Riemengeschwindigkeit ist hier also überschlägig

$$c = 0,1 \cdot 0,45 \cdot 80 = 3,6 \text{ oder genauer } c = \frac{2 \cdot 0,3 \cdot \pi \cdot 120}{60} = 3,77 \text{ m/sek};$$

das ist sehr gering. Die gewöhnlich gewählten Riemengeschwindigkeiten bewegen sich etwa in den Grenzen 3—30 m/sek. Würde man z. B. $R_2 = 0,6$ m wählen, also $R_1 = 0,9$ m, so erhielte man

c = 7,54 m/sek, und b = 0,25 m.

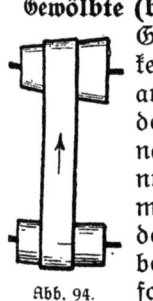

Abb. 94.

Gewölbte (ballige) Riemenscheiben. Durch Schwankungen in der Größe der zu übertragenden Kraft, durch Ungenauigkeiten bei der Herstellung usw. bewegt sich der Riemen auf den Scheiben hin und her und würde sehr bald von den Scheiben herunterfallen, wenn dagegen nicht Maßnahmen getroffen würden. Diese Maßnahmen dürfen nun aber nicht darin bestehen, daß der Rand der Riemenscheibe mit vorspringenden Rändern versehen wird, denn diese Ränder würden gerade das Gegenteil der beabsichtigten Wirkung zur Folge haben, wie aus den folgenden Betrachtungen hervorgeht. Es sei (Abb. 94)

60 III. Räder

ein Riemen über zwei Riemenscheiben gespannt, von denen die eine zylindrisch, die andere dagegen kegelförmig gestaltet sei. Der Riemen bewege sich in der Pfeilrichtung. Setzt man die Scheiben in Bewegung, so scheint es auf den ersten Blick, als wenn der Riemen nach links die kegelförmige Scheibe hinunterrutschen müßte. Gerade das Gegenteil ist der Fall. Der Riemen würde immer weiter nach rechts, also die kegelförmige Scheibe hinaufrutschen, bis er zum Schlusse nach rechts hinunterfiele. Der Grund ist nicht schwer einzusehen. Da nämlich die Elastizität des Riemens beschränkt ist, wird er nicht, wie die Abb. 94, sondern wie die Abb. 95 zeigt, auf der kegelförmigen Scheibe aufliegen. Dreht man nun die Scheiben in der angegebenen Richtung, so hat der Teil des Riemens, welcher sich der kegelförmigen Scheibe nähert, immer das Bestreben, geradeaus zu laufen, muß sich also gegenüber der bisherigen Lage nach rechts zu bewegen. Der nächste ankommende Teil hat wieder das Bestreben, geradeaus zu laufen, d. h. sich nach rechts zu bewegen, usf. Der Riemen muß also immer höher hinaufklettern und schließlich nach rechts hinunterfallen.

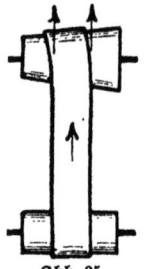
Abb. 95.

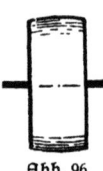
Abb. 96.

Das gibt nun aber ein einfaches Mittel an die Hand, den Riemen auf einer glatten Scheibe festzuhalten. Führt man die eine Scheibe als Doppelkegel aus, wobei die großen Durchmesser der beiden Kegel in der Mitte zusammenstoßen, so ist nun leicht ersichtlich, daß der Riemen immer das Bestreben haben würde, nach der Mitte hinzulaufen. Da jedoch eine solche Doppelkegelform den Riemen zu ungleich beanspruchen würde (die mittleren Teile des Riemens würden zu stark gestreckt werden), führt man den Umfang (in der Regel nur den der getriebenen Scheibe) nur leicht gewölbt, oder wie man es nennt, ballig aus und erhält dann eine Form der Riemenscheiben, wie sie Abb. 96 darstellt.

Gekreuzte und geschränkte Riementriebe. Über die gekreuzten Riementriebe (vgl. Abb. 66 S. 43) sei hier nur so viel bemerkt, daß sie bei großen zu übertragenden Leistungen nur im Notfalle angewendet werden, wenn (wie auf S. 42 erwähnt) die beiden Wellen entgegengesetzte Drehrichtung bekommen sollen. Da nämlich derartige Riemen an der Kreuzungsstelle fortwährend aneinanderreiben und gegeneinanderschlagen, so nutzen sie sich verhältnismäßig rasch ab, was bei

Gekreuzter und geschränkter Riementrieb. Spannrollen

der Kostspieligkeit großer Riemen von nicht zu unterschätzender Bedeutung ist.

Was die geschränkten Riementriebe anlangt (Abb. 97), so ist zu beachten, daß bei gegebenen Lagen der Scheiben eine Bewegungsübertragung nur in einem Drehsinne möglich ist und zwar so, daß das auf eine der beiden Scheiben auflaufende Trum dies in der Mittelebene derjenigen Scheibe tut, auf welche es aufläuft. Das von der Scheibe ablaufende Trum kann in irgendeiner Richtung von der Scheibe ablaufen. Es ist also z. B. in Abb. 97 nur die durch den Pfeil angegebene Drehrichtung möglich, bei der entgegengesetzten Drehrichtung würde der Riemen von den Scheiben herunterfallen. Daß dem so sein muß, ergibt sich aus Betrachtung der Abb. 98. Bei Bewegung des Riemens in der Pfeilrichtung a würden alle Teile des sich der Scheibe nähernden Riemens das Bestreben haben, sich in den durch die Pfeile angedeuteten Richtungen, also, wie man sieht, von der Scheibe herunter zu bewegen; bei der durch Pfeil b angegebenen Drehrichtung tritt das nicht ein.

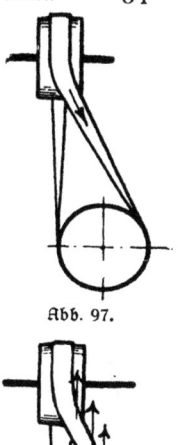
Abb. 97.

Abb. 98.

Spannrollen. Bei der Mehrzahl der Riementriebe fanden bisher immer nur zwei Scheiben Verwendung, eine treibende und eine getriebene Scheibe, wobei die Reibung zwischen Riemenscheibe und Scheibe dadurch hervorgebracht wurde, daß der Riemen schon mit einer gewissen Spannung auf die Scheiben aufgelegt wurde. In neuerer Zeit hat die Verwendung von Spannrollen c (Abb. 99) eine große Bedeutung erlangt, eine Anordnung, deren Wirkungsweise aus der Abbildung hinreichend verständlich sein dürfte. Der Vorteil solcher Spannrollen kann ein mannigfaltiger sein. Handelt es sich z. B. um Scheibendurchmesser a und b, deren Größen sehr wesentlich voneinander abweichen, also bei starken Übersetzungen, so würde der Riemen auf der kleinen Scheibe auf einem so kleinen Umfange aufliegen, daß es schwer wäre, die zum Betriebe nötige Reibung allein durch Anspannen des Riemens zu erzeugen. Aus der Abbildung ist leicht ersichtlich, daß durch Anwendung einer Spannrolle c diesem Übelstande abgeholfen, der Umschlingungswinkel auf der kleinen

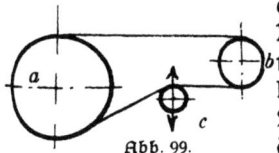
Abb. 99.

III. Räder

Scheibe also vergrößert werden kann. Die Spannrolle hat aber auch noch den weiteren Vorteil, daß man durch sie dem Riemen immer genau die Spannung geben kann, die für den Betrieb notwendig ist. Hat sich durch lang andauernden Betrieb der Riemen etwas gelängt, so braucht man ihn nicht sofort zu verkürzen, was immer mit Betriebsstörungen und Kosten verbunden ist, sondern kann durch Nachstellen der Spannrolle die zum Betriebe nötige Spannung wieder erzeugen. Außerdem kann man bei Betriebsunterbrechungen durch Nachlassen der Spannrolle den Riemen entlasten, was für die Erhaltung der Riemenelastizität von Vorteil ist.

Los- und Festscheiben. Bei den bisher besprochenen Anordnungen des Riementriebes war immer nur von Scheiben die Rede, die auf der betreffenden Welle befestigt waren. Es gibt jedoch auch Fälle, in denen Riemenscheiben Verwendung finden, die nicht auf der Welle befestigt sind, sondern nur lose auf ihr aufsitzen und sich um die z. B. feststehende Welle drehen können. Man nennt sie daher auch **Losscheiben** im Gegensatze zu der erstgenannten Gattung, die als **Festscheiben** bezeichnet werden.

Der Zweck der Anwendung solcher Losscheiben kann ein mannigfaltiger sein. So können sie z. B. dazu dienen, eine Nebenwelle b (Abb. 100) von einer Hauptwelle a aus zeitweise in Umdrehung zu versetzen und dann wieder stillzusetzen. Zu diesem Zwecke befinden sich auf der Nebenwelle b dicht nebeneinander eine Festscheibe F und eine Losscheibe L, während sich auf der Hauptwelle a eine (natürlich festsitzende) Riemenscheibe befindet, deren Breite mindestens ebenso groß ist wie die der beiden anderen Riemenscheiben zusammengenommen. Liegt der Riemen in der in der Abbildung gezeichneten Stellung, so wird die Welle b von der sich ständig drehenden Welle a mitgenommen. Schiebt man dagegen den Riemen nach rechts hinüber, so daß er bei der getriebenen Welle b auf der Losscheibe aufliegt, so dreht sich eben nur die lose sitzende Scheibe L auf der Welle b, während die Welle b selbst stehen bleibt.

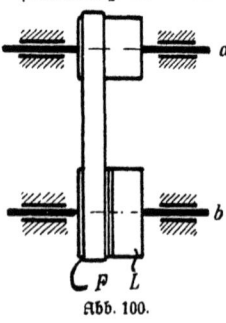

Abb. 100.

Ein solches Hinüberrücken des Riemens von einer Stellung in die andere ist in bequemer Weise nur ausführbar, wenn der Riemen selbst in Bewegung ist. Abb. 101 zeigt eine solche Vorrichtung dazu, einen sogenannten „Riemenausrücker". F und L stellen eine Fest- und eine Losscheibe dar, die auf einer kleinen, in diesem Falle an der Decke angebrachten Welle sitzen. Da diese kleine Hilfswelle dazu bestimmt ist, vermittels der Riemenscheibe R wiederum irgendeine andere Welle oder eine Maschine (Drehbank,

Abb. 101.

Bohrmaschine usw.) anzutreiben, so daß also die Hilfswelle gewissermaßen jener anderen Maschine vorgelagert ist, nennt man eine solche Hilfswelle mit den daraufsitzenden Scheiben ein Vorgelege. Man erkennt aus der Abbildung, wie durch Ziehen oder durch Stoßen an dem herunterhängenden Handgriff eine auf einer Stange sitzende Gabel hin und her geschoben werden kann, welche ihrerseits den zwischen ihren Zinken laufenden, von der Hauptwelle kommenden Riemen von der einen Scheibe auf die andere hinüberschiebt. Es läßt sich wohl ohne Schwierigkeit einsehen, daß dies unmöglich wäre, wenn der Riemen stillsteht, denn in diesem Falle würde eben der Riemen nur an der Stelle, wo sich die Gabel befindet, nach rechts oder nach links etwas hinübergezerrt werden, während im anderen Falle der in Bewegung befindliche Riemen infolge des von der Gabel ausgeübten seitlichen Druckes allmählich seiner ganzen Länge nach in die neue Lage übergeht.

Daraus folgt nun aber der wichtige Satz, daß eine Losscheibe niemals auf der treibenden Welle (z. B. a Abb. 100) sitzen darf. Denn wäre dies der Fall, so würde der Riemen, wenn er auf die Losscheibe käme, stillstehen, und sein Zurückbringen auf die feste Scheibe wäre nur in sehr umständlicher Weise möglich.

Wendegetriebe. Einen weiteren wichtigen Fall der Anwendung von Losscheiben stellt Abb. 102 dar. Auf der getriebenen Welle b sitzen fünf Riemenscheiben, von denen nur die mittelste eine Festscheibe ist, während die übrigen Losscheiben sind. Die auf der ständig sich drehen-

III. Räder

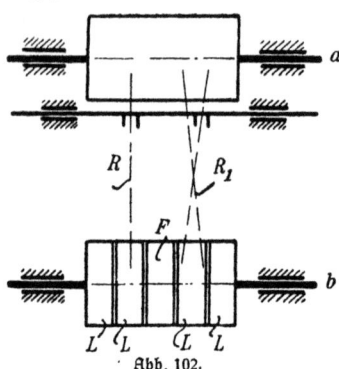
Abb. 102.

den Hauptwelle a befindliche Riemenscheibe ist wieder so breit wie die fünf anderen Riemenscheiben zusammengenommen. Nun befinden sich auf diesen Scheiben um die Breite zweier Scheiben voneinander entfernt zwei Riemen R und R_1, von denen der Riemen R ein offener, der Riemen R_1 dagegen ein gekreuzter ist. In der in der Abbildung gezeichneten Stellung (R und R_1 sind nur schematisch gezeichnet) steht die Welle b still, da beide Riemen auf Losscheiben laufen. Schiebt man beide Riemen in ähnlicher Weise, wie dies oben die Abb. 101 zeigte, gleichzeitig nach rechts, so kommt der offene Riemen auf die Festscheibe: die Welle b dreht sich in gleicher Richtung um wie die Welle a. Schiebt man die beiden Riemen wieder in die Anfangsstellung (wie in der Abbildung angegeben), so steht b wieder still; schiebt man jetzt beide Riemen um eine Scheibenbreite nach links, so kommt der gekreuzte Riemen auf die Festscheibe F, die Welle b dreht sich in entgegengesetzter Richtung wie die Welle a. Mit anderen Worten: die Einrichtung gestattet von einer sich ständig in ein und derselben Richtung umdrehenden Welle a eine andere Welle b zeitweise in Umdrehung zu versetzen und zwar so, daß sie bald nach der einen, bald nach der anderen Richtung umläuft. Vorrichtungen dieser und ähnlicher Art nennt man Wendegetriebe.

Zum Zwecke billigerer Herstellung werden die zu beiden Seiten der Festscheibe sitzenden Losscheiben meist als je eine Scheibe von doppelter Breite ausgeführt. Abb. 103 zeigt eine solche Ausführung (von G. Polysius, Dessau) in Verbindung mit einem Schneckenradgetriebe zum Betriebe eines Aufzuges. Man erkennt auf der Schneckenwelle in der Mitte die schmale Festscheibe, zu deren beiden Seiten doppelt so breite Losscheiben sitzen. Die über den Scheiben sichtbare Gabel führt den offenen Riemen, während die den gekreuzten Riemen führende Gabel sich in der Abbildung hinter den Scheiben und unterhalb von ihnen befindet.

Stufenscheiben. Unter der Voraussetzung, daß die treibende Welle eine unveränderliche Umdrehzahl hatte, war es vermittels der bisher

Stufenscheiben

Abb. 103.

besprochenen Riemenscheiben immer nur möglich, der getriebenen Welle eine einzige bestimmte Umdrehzahl zu geben. Liegt nun die Aufgabe vor, eine Welle, z. B. die einer Drehbank, einer Bohrmaschine usw. mit wechselnden Umdrehzahlen laufen zu lassen, so kann man sich dazu einer besonderen Art von Riemenscheiben bedienen, der sogenannten Stufenscheiben (Abb. 104). Nach dem auf S. 44 ausgesprochenen fünften Satze verhalten sich die minutlichen Umdrehzahlen zweier Wellen umgekehrt wie die Halbmesser der auf ihnen sitzenden Räder, durch welche sie miteinander in Verbindung stehen. Setzt man daher auf die treibende Welle a Riemenscheiben mit verschieden großen Durchmessern, denen geeignete Riemenscheiben auf der getriebenen Welle b entsprechen, so wird (bei gleichbleibender Umlaufzahl der Welle a) die Welle b offenbar die größte minutliche Umdrehzahl dann erhalten, wenn der Riemen in der Stellung 1 steht, die geringste Umdrehzahl dann, wenn der Riemen in Stellung 3 steht usw.

Damit nun für alle drei Stellungen immer derselbe Riemen verwendet werden kann, muß die Summe der Scheibenhalbmesser $1_a + 1_b = 2_a + 2_b = 3_a + 3_b$ sein.

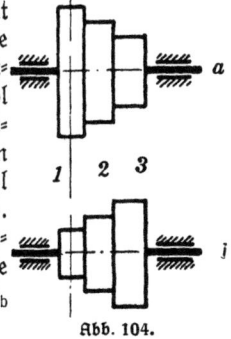

Abb. 104.

ANuG 301: Vater, Maschinenelemente, 4. Aufl.

Mathematisch genau stimmt diese Beziehung allerdings nur für gekreuzte Riemen, für offene Riemen dagegen, wie eine hier nicht durchführbare Rechnung ergibt, nur mit einer für die meisten Fälle genügenden Annäherung.

Der Einfachheit wegen werden die zu dem genannten Zwecke bestimmten auf einer Welle sitzenden Riemenscheiben aus einem Stück hergestellt und erhalten dann, wie erwähnt, den Namen Stufenscheiben. Die Zahl der Stufen beträgt in vielen Fällen 3, steigt aber bis auf 4—5 und mehr Stufen. Der Wechsel in der Umdrehzahl der Welle b geschieht dabei aber immer sprungweise. Ist das unzulässig oder soll eine viel größere Zahl von Abstufungen möglich sein, so kann man die Zahl der Stufen gewissermaßen unendlich groß machen dadurch, daß die Riemenscheiben kegelförmig ausgeführt werden, wie Abb. 105 darstellt. Es ist darauf zu achten, daß in einem solchen Falle der Riemen ständig etwa durch eine Gabel (ähnlich wie in Abb. 101 auf S. 63) geführt sein muß, da er sonst, wie durch Abb. 95 S. 60 gezeigt wurde, nicht in der ihm einmal erteilten Stellung stehenbleiben würde.

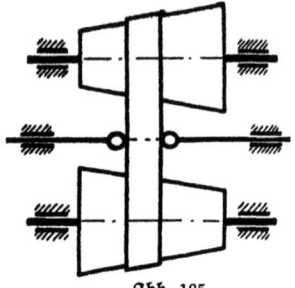

Abb. 105.

3. Drahtseiltrieb.

Das für Kraftübertragungszwecke verwendete Drahtseil besteht aus einzelnen Strähnen oder Litzen, die schraubenförmig um eine Hanfseele gewunden sind. Die Litzen selber bestehen aus einzelnen Drähten, die ebenfalls wieder um eine Hanfseele schraubenförmig gewunden sind. In der Regel wird nur ein einziges Drahtseil verwendet, welches um schmale Scheiben herumgeschlungen ist, deren Umfang eine mit Leder, bisweilen auch mit Holz oder Guttapercha gefütterte Rille besitzt. Bei der geringen Dehnbarkeit des Seiles in der Längsrichtung kann hier die zur Erzeugung der Reibung zwischen Seil und Scheibe erforderliche Spannung nur durch Benützung des Eigengewichtes des Seiles hervorgebracht werden. Daraus folgt, daß zur Anwendung des Drahtseiltriebes ein gewisser Mindestabstand der Wellen erforderlich ist, der etwa 16—20 m beträgt, eine Entfernung, bei der die Kraftübertragung durch Riemen nicht mehr zweckmäßig ist. Die größte Achsenentfernung kann bis zu 100 m und darüber betragen. Da aber

Drahtseiltrieb. Hanfseil- und Baumwollseiltrieb 67

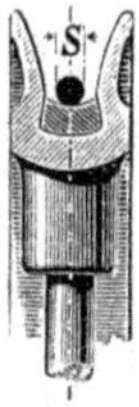

eine Kraftübertragung auf größere Entfernung in neuerer Zeit besser und einfacher auf elektrischem Wege geschieht, werden Drahtseiltriebe zur Kraftübertragung heute nur noch selten verwendet. Gekreuzter oder geschränkter Betrieb sowie Übersetzungen ins Langsame oder Rasche sind bei Drahtseiltrieb unzulässig. Die beiden Wellen sollen außerdem möglichst in ein und derselben wagerechten Ebene liegen. Abb. 106 zeigt eine Scheibe für Drahtseiltrieb, Abb. 107 den Querschnitt der mit Leder ausgefütterten Rille dieser Scheibe.

4. Hanfseil- und Baumwollseiltrieb.

Allgemeines. Die Kraftübertragung durch Hanf- oder Baumwollseile stellt einen Ersatz für Riementriebe dar. Die Übertragung geschieht hier durch eine größere Anzahl von Seilen, welche nebeneinander auf den mit entsprechenden Rillen versehenen Scheiben angeordnet sind. Dies hat gegenüber dem Riementrieb mancherlei Vorteile; zunächst den Vorteil der größeren Betriebssicherheit, da selbst bei Schadhaftwerden eines oder mehrerer Seile der Betrieb meist noch mit den übrigbleibenden Seilen aufrecht erhalten werden kann; ferner ist es möglich, von einer treibenden Scheibe a aus mehrere, z. B. in verschiedenen Stockwerken liegende Scheiben b anzutreiben, eine Anordnung (Abb. 108), von welcher z. B. in großen Spinnereien häufig Gebrauch gemacht wird. Abb. 109 zeigt eine solche Ausführung mit Hanfseilen der A.-G. für Seilindustrie vorm. Ferd. Wolff in Mannheim-Neckarau. Man erkennt vorn das große als Seilscheibe ausgebildete Schwungrad einer Dampfmaschine, von welcher drei in verschiedenen Stockwerken liegende Wellen angetrieben werden. Die Reibung zwischen Scheibe und Seil wird hier ähnlich wie beim Riementrieb dadurch her-

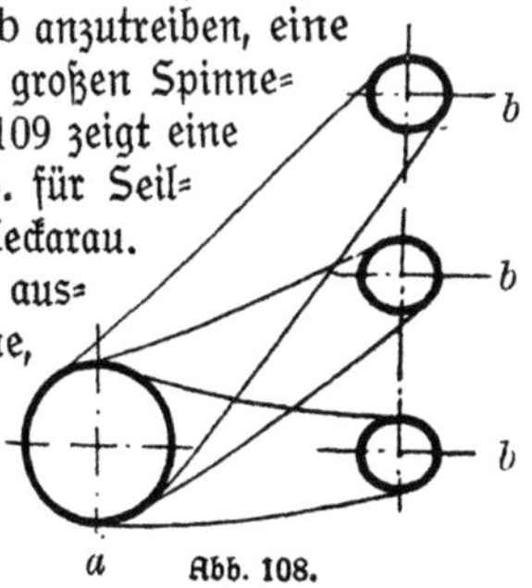

Abb. 106.   Abb. 107.

Abb. 108.

5*

Abb. 109.

vorgebracht, daß das Seil mit Spannung auf die Seilscheibe aufgelegt wird. Gekreuzter Betrieb wird selten angewendet, dagegen ist hier die Anwendung einer Übersetzung in mäßigen Grenzen sehr

Berechnung eines Hanfseiltriebes

häufig. Die Seile sind etwa 30—50 mm stark und bestehen ähnlich wie die Drahtseile aus Litzen (in der Regel drei), welche aus einer größeren Zahl schraubenförmig gewundener Fäden zusammengesetzt sind. Je dicker die Seile sind, desto größer muß der Durchmesser der kleineren der beiden Scheiben gewählt werden, um welche das Seil gelegt ist. Zu jedem Seile gehört also ein Seilscheibendurchmesser, der nicht unterschritten werden sollte und der von den Seilfabriken gewöhnlich mit angegeben wird. Baumwollseile sind etwas biegsamer als Hanfseile, können also um kleinere Scheiben herumgeschlungen werden.

Berechnung eines Hanfseiltriebes. Die Berechnung eines Hanfseiltriebes geschieht in der Praxis meist an der Hand von Tabellen, die von den mit der Herstellung solcher Kraftübertragungsmittel sich befassenden Firmen herausgegeben werden. Besonders einfach wird diese Berechnung, wenn man eine solche Tabelle zeichnerisch darstellt, wie dies in Abb. 110 geschehen ist, welche in einfachen Schaulinien

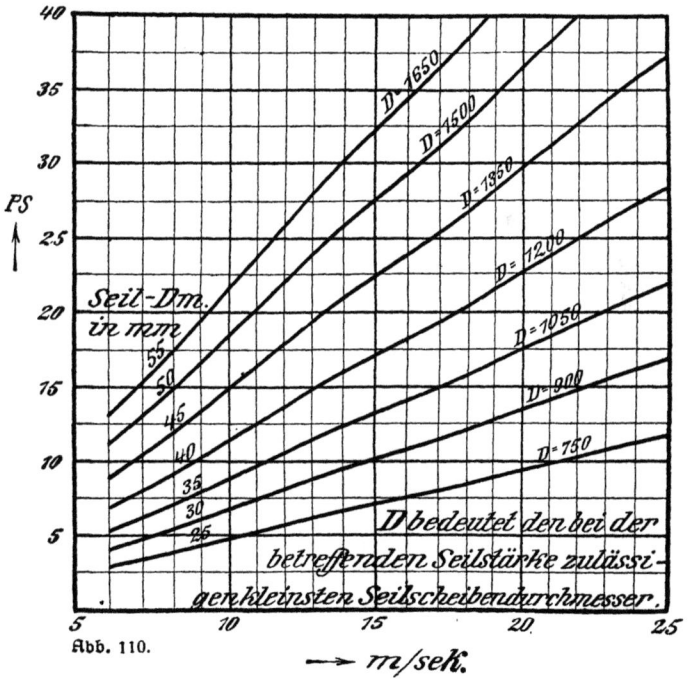
Abb. 110.

III. Räder

die Angaben einer Tabelle für Hanfseile aus dem Kataloge der Firma C. Polysius, Dessau, darstellt. Auf den Senkrechten wird die Anzahl der von einem Seile zu übertragenden PS abgelesen, auf den Wagerechten dagegen die Seilgeschwindigkeit. Ein Beispiel wird dies erläutern:

Beispiel: Es seien 60 PS von einer Welle auf die andere zu übertragen. Die treibende Welle habe $n_1 = 80$ Umdrehungen in der Minute, die getriebene Welle soll $n_2 = 120$ Umdrehungen in der Minute machen.

Erster Fall: Es wird die Seilstärke angenommen und daraus die Anzahl der Seile berechnet. Bei einem Seil von 40 mm Durchmesser beträgt nach den Angaben des Schaubildes Abb. 110 der kleinste noch zulässige Scheibendurchmesser, also hier der Durchmesser auf der getriebenen Scheibe, $D_2 = 1200$ mm. Nach dem Schaubilde Abb. 111 entspricht einem Durchmesser von 1,2 m bei 120 Umdrehungen i. d. M. eine Umfangs- (und demgemäß auch eine Seil-) Geschwindigkeit von etwa 7,5 m/sek. Aus Abb. 110 a. S. 69 ergibt sich aber, daß bei 7,5 m/sek ein Seil von 40 mm Durchmesser 9 PS überträgt, folglich braucht man zur Übertragung von 60 PS

$$\frac{60}{9} = 6,66 \sim 7 \text{ Seile.}$$

Zweiter Fall: Die Anzahl der Seile ist gegeben oder wird angenommen; es soll die Stärke der Seile gefunden werden. Sollen 60 PS übertragen werden und soll z. B. die Anzahl der Seile etwa 8 betragen, so muß also ein Seil $\frac{60}{8} = 7,5$ PS übertragen. Dies ergibt nach dem Schaubilde Abb. 110 entweder Seile von 40 mm Durchmesser bei 6,5 m/sek Seilgeschwindigkeit, oder Seile von 35 mm Durchmesser bei 8,5 m/sek Seilgeschwindigkeit usw. Versucht man es zunächst mit Seilen von 35 mm Durchmesser, so ergibt nach dem Schaubilde Abb. 111 eine Seilgeschwindigkeit von 9 m/sek bei 120 Umdr. i. d. M. einen Seilscheibendurchmesser von etwa 1,4 m, und da nach dem Schaubilde Abb. 110 bei einem Seile von 35 mm Durchmesser der geringste Seilscheibendurchmesser sogar nur 1050 mm zu sein braucht, so ist also der gefundene Scheibendurchmesser von 1,4 m genügend groß, und wir können daher die Seile von 35 mm beibehalten.

Die Berechnung würde also ergeben für Fall 1:
7 Seile von 45 mm Dm; $D_2 = 1200$ mm; $D_1 = 1200 \cdot \frac{120}{80} = 1800$ mm.
Für Fall 2:
8 Seile von 35 mm Dm; $D_2 = 1400$ m; $D_1 = 1400 \cdot \frac{120}{80} = 2100$ mm.

Berechnung eines Hanfseiltriebes

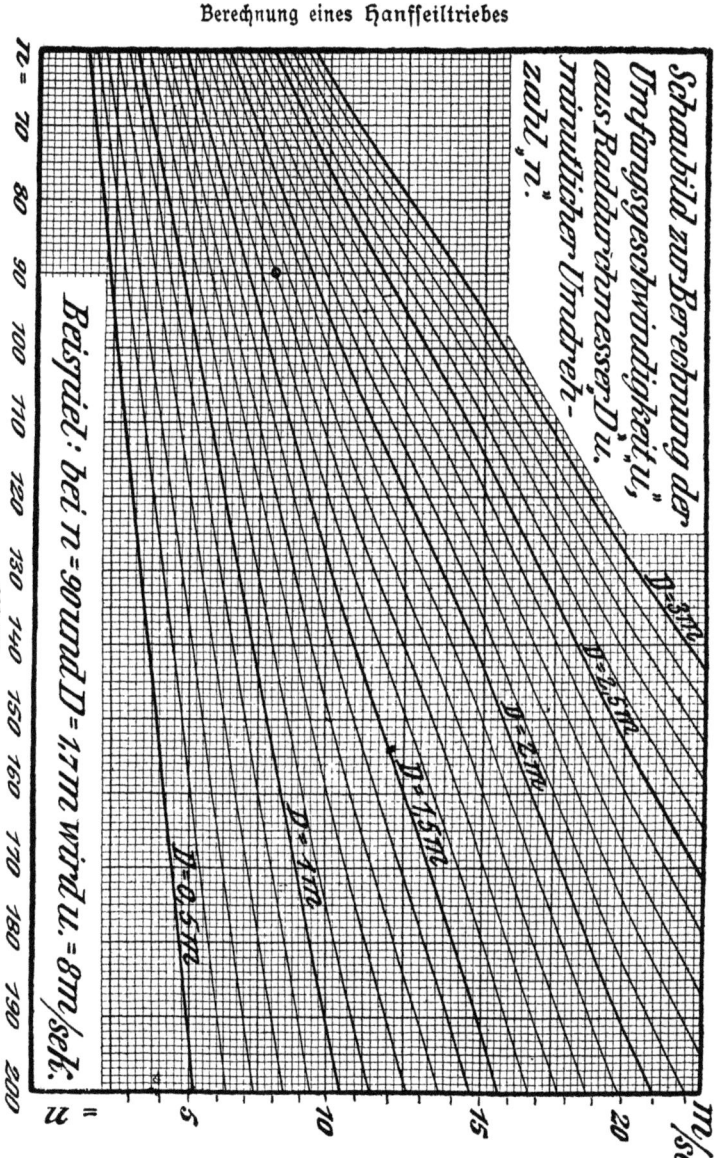

Abb. 111.

72 IV. Maschinent. 3. Umänder. ein. geradlin. i. eine kreisförm. Bewegung usw.

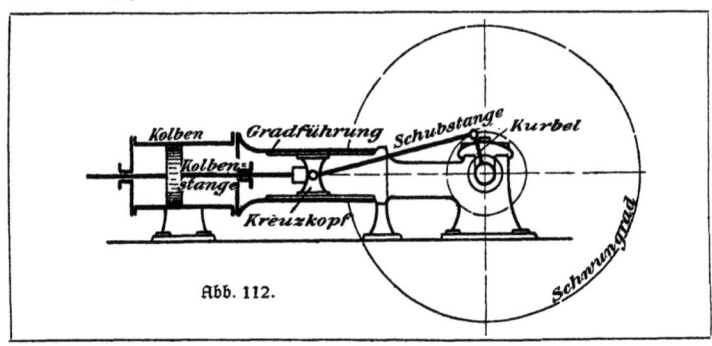

Abb. 112.

IV. Maschinenteile zur Umänderung einer geradlinigen in eine kreisförmige Bewegung und umgekehrt. (Kurbelgetriebe.)[1]

Zu den Maschinenteilen, welche dazu dienen, eine geradlinige Bewegung in eine kreisförmige umzuwandeln und umgekehrt, gehören im wesentlichen diejenigen Teile, deren Namen in der Gerippskizze einer Dampfmaschine (Abb. 112) eingetragen sind.

1. Zylinder.

Unter Zylinder versteht man in diesem Zusammenhange einen Maschinenteil von meist kurzer, rohrartiger Form, in welchem sich ein Kolben bewegt. Zweck des Zylinders ist, entweder den Druck einer in ihn eingeleiteten hochgespannten Flüssigkeit auf den Kolben zu übertragen (Dampfmaschine, Gasmaschine u. dgl.), oder aber umgekehrt bei einer in den Zylinder eingeleiteten Flüssigkeit eine Drucksteigerung zu ermöglichen, welche durch einen in den Zylinder eindringenden Kolben erfolgt, auf den von außen her Kraft übertragen wird (Pumpen).

Die Grundform eines solchen Zylinders wird durch Abb. 113 dargestellt, wobei man den Zylinderkörper a und die beiden an den Enden befindlichen Zylinderdeckel b und c unterscheidet. Bei Dampfmaschinen er-

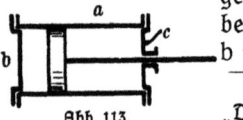

Abb. 113.

[1] Siehe zu diesem ganzen Abschnitt des Verf. „Dampfmaschine II" (ANuG Bd. 394).

Kurbelgetriebe. Zylinder. Kolben

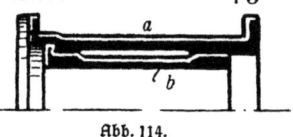
Abb. 114.

halten die Zylinder häufig eine andere Gestalt dadurch, daß in den äußeren Zylindermantel (a, Abb.114) noch ein innerer sogenannter Laufzylinder b eingesetzt wird. Der Grund hierfür ist ein mehrfacher. Zunächst kann der durch die doppelte Wandung entstehende Zwischenraum dazu benützt werden, um Dampf hindurchzuleiten und so den Zylinder zu heizen, was für den Betrieb der Dampfmaschine gewisse Vorteile bietet. Ferner gewährt der seiner Form nach sehr einfach gestaltete Laufzylinder b im Falle starker Abnützung die bequeme Möglichkeit einer Erneuerung, was bei dem ganzen, manchmal sehr verwickelt gebauten äußeren Zylinder mit großen Kosten verbunden wäre.

Doppelwandig, allerdings meist aus einem Stück, sind auch in der Regel die Zylinder von Gasmaschinen ausgeführt, hier allerdings aus einem anderen Grunde wie bei Dampfmaschinen. Bei Gasmaschinen entsteht nämlich durch die im Innern des Zylinders fortwährend erfolgenden Gasexplosionen eine so hohe Temperatur, daß der Zylinder diesen Temperaturen nicht standhalten könnte, wenn er nicht energisch durch Wasser gekühlt würde. Der durch die doppelten Wandungen entstehende Zwischenraum wird also dazu benützt, um Kühlwasser hindurchzuleiten und so die Temperatur der Zylinderwandungen in mäßigen Grenzen zu halten.[1]

Der Baustoff, aus dem die Zylinder bestehen, ist in den meisten Fällen Gußeisen, bei sehr starken Drucken Stahlguß. Rotguß wird dann verwendet, wenn die chemischen Eigenschaften der Flüssigkeiten es erfordern.

2. Kolben.

Allgemeines. Der Zweck der Kolben wurde bereits oben bei den Zylindern besprochen. Sie können entweder dazu dienen, eine im Zylinder vorhandene Pressung als Arbeit nach außen hin abzugeben (Kraftmaschinen), oder aber eine von außen auf sie übertragene Arbeit in eine Drucksteigerung einer im Zylinder eingeschlossenen Flüssigkeit umzuwandeln (Pumpen, Kompressoren).

Da der Kolben sich längs der ruhenden Zylinderwandungen bewegen soll, ohne einen Druckausgleich zwischen den beiden Kolben-

---

[1] Siehe d. Verf. „Neuere Wärmekraftmaschinen I" (ANuG Bd. 21).

seiten zuzulassen, muß zwischen Zylinderwandung und Kolbenoberfläche eine Abdichtung, oder wie der technische Ausdruck lautet, eine Liderung vorhanden sein. Je nachdem nun die Liderung sich an dem einen oder an dem anderen dieser beiden Maschinenteile befindet, unterscheidet man zwei wichtige Arten von Kolben, nämlich

1. Scheibenkolben, wenn die Liderung sich an dem Kolben befindet und
2. Tauchkolben (in der Praxis leider immer noch häufig mit dem halbenglischen Namen Plunger bezeichnet), wenn die Liderung an der Zylinderwandung angebracht ist.

Scheibenkolben. Die Liderung der Scheibenkolben bestand früher stets aus weichen Stoffen, wie Leder, Hanf, Baumwolle, Holz und dergleichen. Heutzutage werden Kolben mit derartiger Dichtung nur noch selten und meist nur zu untergeordneten Zwecken ausgeführt. Statt dessen findet sich immer häufiger die sogenannte Metallid erung, die sich vor jener eben erwähnten Art der Abdichtung durch weiche Stoffe schon durch größere Haltbarkeit auszeichnet. Die einfachste Art der Metallid erung besteht offenbar darin, daß ein Metallkolben genau in den zugehörigen Zylinder eingeschliffen ist. Derartige Kolben haben zwar den Vorteil großer Einfachheit, sie haben aber auch, wie leicht ersichtlich, den Nachteil, daß sie sich bei häufigem Gebrauche mit der Zeit abnützen und dann durch ganz neue Kolben ersetzt werden müssen. Weit häufiger ist daher eine andere Art der Metallid erung, deren Wesen darin besteht, daß in dem Umfange des Kolbens eine Anzahl Ringe aus verhältnismäßig weichem Metall (in der Regel aus weichem, zähem Gußeisen) eingelassen sind, die durch irgendeine Federkraft an die Wandungen des Zylinders angedrückt werden. Am einfachsten kommt diese Federkraft dadurch zustande, daß man die Ringe selbstfedernd ausführt. Abb. 115 zeigt einen solchen Scheibenkolben mit zwei selbstspannenden Kolbenringen (ein Ring ist in der Abbildung herausgenommen). In den Vertiefungen des Kolbenumfanges sitzen, genau eingepaßt, Ringe, deren Enden so gestaltet sind, wie es die kleine Nebenabbildung zeigt. Der Durchmesser der Ringe ist so groß gewählt, daß sie stark zusammengedrückt werden müssen, wenn der Kolben in den Zylinder hineingebracht wird.

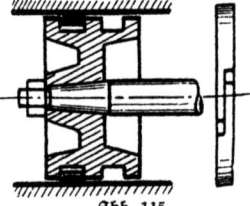

Abb. 115.

Scheiben- und Tauchkolben

Im Zylinder drinnen werden sie sich durch die eigene Federkraft wieder auseinanderspreizen und somit dicht an den Zylinderwandungen anlegen.

Es ist klar, daß erstens einmal die Ringe auch in den Nuten des Kolbenumfanges dicht anliegen müssen und ferner, daß die Trennungsfuge der einzelnen Ringe (deren Zahl oft 4 bis 5 und noch mehr beträgt) stets gegen die des folgenden Ringes versetzt sein muß, damit nicht durch diese Trennungsfuge hindurch ein Druckausgleich zwischen den beiden Kolbenseiten stattfindet.

Über eine besondere Art der Metalliderung, die sogenannte Labyrinthdichtung, siehe S. 78.

Tauchkolben. Die Gerippskizze einer Pumpe mit Tauchkolben zeigt Abb. 116. Hier besteht der Kolben aus einem äußerlich glatten Zylinder und bewegt sich in einem anderen Zylinder, der nicht, wie beim Scheibenkolben, auf seiner ganzen Länge sorgfältig ausgedreht zu sein braucht. Die Abdichtung oder Liderung ist hier also am Zylinder angebracht und besteht in der Regel aus weichen Stoffen (Leder, Hanf, Baumwolle u. dgl.), nur in seltneren Fällen aus Metall, ähnlich wie bei den Scheibenkolben. Über die Form derartiger Dichtungen, die in ihrem Wesen mit den sogenannten Stopfbüchsen übereinstimmen, wird später bei Besprechung der Stopfbüchsen näheres erwähnt werden.

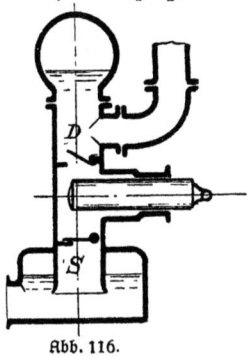

Abb. 116.

Eine besondere, bei Tauchkolben für hohe Drücke (z. B. bei Preßpumpen) angewendete Art der Liderung stellt Abb. 117 dar.

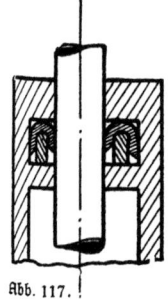

Abb. 117.

In einer Höhlung des Zylinders ist eine Ledermanschette entsprechend gelagert. Der in der Abbildung von unten kommende, in dem Zylinder erzeugte Druck preßt die schon durch ihre eigene Elastizität anliegende Manschette sowohl an die Wandungen des Hohlraumes als auch an die Wandungen des Tauchkolbens und zwar mit um so größerer Kraft, je höher der Druck steigt. Für lange andauernden ununterbrochenen Betrieb ist diese Art der Abdichtung wegen der starken Abnützung des Leders nicht zweckmäßig.

3. Kolbenstangen.

Die Kolbenstangen haben die Aufgabe, den im Zylinder erzeugten Druck von dem Kolben nach außen zu übertragen oder umgekehrt. Bei kleineren Maschinen ist die Anordnung in der Regel so, wie in Abb. 113 auf S. 72 angedeutet, d. h. die Kolbenstange ist nur durch den einen Zylinderdeckel hindurchgeführt. Bei größeren Maschinen setzt sich die Kolbenstange auch jenseits des Kolbens durch den hinteren Zylinderdeckel fort, da auf diese Weise der Kolben eine bessere Führung erhält, was namentlich dann von Wichtigkeit ist, wenn bei größeren Zylinderdurchmessern die Auflagerfläche des Kolbens verhältnismäßig schmal ist. Bei ganz großen Maschinen, wo das Gewicht der Kolben manchmal einige tausend Kilogramm beträgt, würde bei liegend angeordneten Zylindern die untere Seite des Zylinders infolge des großen Kolbengewichtes sich besonders stark abnützen, der Zylinder also unrund werden. Diesen Übelstand vermeidet man dadurch, daß man die Kolbenstange außerhalb des Zylinders an beiden Enden in sogenannten Kreuzköpfen lagert (man spricht dann von einem vorderen und einem hinteren Kreuzkopf). Die Kolbenstange wird hierbei so kräftig ausgeführt, daß sie wie ein an beiden Enden gelagerter und in der Mitte belasteter Balken das Gewicht des Kolbens trägt, welches nun nicht mehr ausschließlich die untere Zylinderwandung belastet.

Bei sehr schweren Kolben läge nun allerdings wieder die Gefahr vor, daß sich die Kolbenstange in der Mitte durchbiegen würde, falls man den Durchmesser der Stange nicht unverhältnismäßig stark ausführen wollte. Diesen Übelstand vermeidet man durch eine eigentümliche Art der Herstellung: Es sei (Abb. 118) S eine Kolbenstange, welche, durch den in ihrer Mitte aufliegenden Kolben belastet, sich in der Mitte um das Stück d durchbiegt. Führt man (Abb. 119) statt dieser Stange eine Kolbenstange aus, welche, ebenso stark wie die vorige, in unbelastetem Zustande um das Stück d nach oben durchgebogen ist, so ist klar, daß, nachdem der Kolben auf die Stange aufgebracht ist, die Achse der Stange jetzt genau wagerecht liegt. Auch bei mäßiger Dicke der Kolbenstange wird der Kolben dann ohne jede Durchbiegung von der Stange getragen, die Zylinderwandung also fast vollständig entlastet. Übrigens werden dicke Kolben-

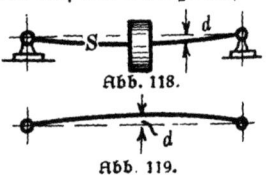

Abb. 118.

Abb. 119.

Kolbenstangen. Stopfbüchsen   77

stangen meist der ganzen Länge nach durchbohrt, teils aus denselben Gründen, die auf S. 24 bei den Achsen angegeben wurden, teils auch schon deshalb, weil z. B. bei großen Gasmaschinen auch die Kolben innen mit Wasser gekühlt werden, wobei das Kühlwasser durch die hohle Kolbenstange zu= und abgeleitet wird.[1])

Der Baustoff der Kolbenstangen ist in der Regel Schmiedeeisen oder Stahl.

4. Stopfbüchsen.

Wie aus den früheren Erörterungen hervorgeht, muß die hin und her gehende Kolbenstange durch die ruhende Zylinderwandung hindurchgehen, ohne daß dadurch eine im Zylinder enthaltene hochgespannte Flüssigkeit an dieser Durchdringungsstelle nach außen entweicht. Es muß also hier wiederum eine Liderung vorhanden sein, welche man zusammen mit dem sie umgebenden Gehäuse als Stopfbüchse zu bezeichnen pflegt.

Abb. 120 stellt eine solche Stopfbüchse dar. Sie besteht im wesentlichen zunächst aus der eigentlichen Stopfbüchse oder dem Stopfbüchsgehäuse a, welches auf dem Zylinderdeckel befestigt oder mit ihm gleich zusammengegossen ist. In dieses Gehäuse läßt sich durch Schrauben die Stopfbüchsbrille B hineindrücken, so genannt, weil ihre Form, von oben gesehen (Abb. 120 unten), bisweilen mit einer Brille gewisse Ähnlichkeit hat. In dem Gehäuse befindet sich ferner, die Kolbenstange umgebend, die Packung P, welche die oben erwähnte Liderung darstellt. Der Stoff, aus dem diese (in der Abbildung nicht mit gezeichnete) Packung besteht, bildet ein Hauptunterscheidungsmerkmal für die einzelnen Arten von Stopfbüchsen. Früher bestand die Packung ausschließlich aus weichen Stoffen, Hanf, Baumwolle, Leder, Asbest usw. Die Wirkung war dann die, daß beim Hineindrücken der Brille durch Anziehen der Schrauben die Packung fester zusammengedrückt wurde. Sie legte sich dadurch sowohl an die Wandungen der Büchse wie an die Stange fester an und brachte auf diese Weise die gewünschte Abdichtung zustande.

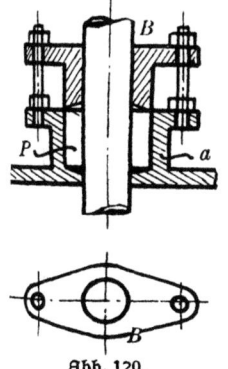
Abb. 120.

1) Siehe d. Verf. „Neuere Wärmekraftmaschinen II" (ANuG Bd. 86).

78 IV. Maschinent. 3. Umänder. ein. geradlin. i. eine kreisförm. Bewegung usw.

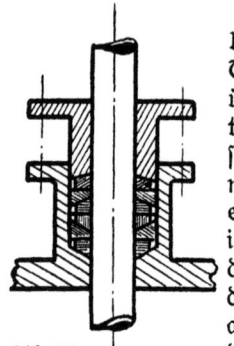
Abb. 121.

In neuerer Zeit, wo z. B. bei Gas= und anderen Wärmekraftmaschinen die Stopfbüchsen sehr hohe Temperaturen auszuhalten haben, ist man dazu übergegangen, die genannten Stoffe durch Metallringe zu ersetzen. Abb. 121 zeigt z. B. eine solche Packung (Howaldt=Packung) für Dampfmaschinen. In die Büchse sind zweiteilige Ringe eingesetzt, deren eine Seite kegelförmig gestaltet ist. Man erkennt sofort, daß beim Hineindrücken der Brille ein Teil der Ringe an die Stange, der andere Teil an die Wandungen der Büchse angedrückt und auf diese Weise eine gute Abdichtung erzielt wird. Die Zahl der Ausführungsformen solcher Metallpackungen ist heute außerordentlich groß.

Eine besondere, eigentümliche Art der Liderung, die bisweilen bei Stopfbüchsen (aber auch z. B. bei Kolben) Verwendung findet, ist die sogenannte Labyrinthdichtung (Abb. 122), welche einfach darin besteht, daß in die genau nach dem Durchmesser der Stange ausgebohrte Höhlung der Stopfbüchse eine Anzahl Rillen (1—4, Abb. 122) eingedreht wird. Die Wirkung ist nun folgende: Die hochgespannte Flüssigkeit (Dampf, Luft, Wasser usw.), die von dem Inneren des Zylinders her durch den sehr engen Zwischenraum zwischen Kolbenstange und Wandung hindurchgedrungen ist und dadurch schon einen Teil ihrer Spannung eingebüßt hat, kommt plötzlich in den verhältnismäßig großen ringförmigen Raum 1 und verliert durch diese plötzliche Ausdehnung einen weiteren Teil ihrer Spannung. Unter erneutem Spannungsverlust dringt sie dann vor bis in den Raum 2, wo sie wiederum durch Ausdehnung einen weiteren Teil ihrer Spannung verliert usf. Man erkennt, daß die Spannung immer geringer wird, so daß die Flüssigkeit schließlich nicht mehr Kraft genug hat, weiter vorzudringen. Die Wirkung dieser Art von Abdichtung wird manchmal dadurch beeinträchtigt, daß die ringförmigen Räume sich mit verdicktem Öle, Schmutz u. dgl. zusetzen und dann natürlich den vorher erwähnten Zweck nicht erfüllen können.

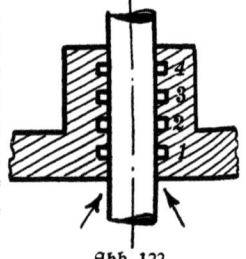
Abb. 122.

Geradführungen 79

5. Geradführungen.

Es seien a und b (Abb. 123 u. 124) zwei Stangen, welche dort, wo sie zusammenstoßen (im Punkte c), durch ein Gelenk miteinander verbunden sind. Eine einfache Betrachtung der beiden Abbildungen zeigt dann folgendes: Wird Stab b an seinem rechten Ende gelenkig befestigt und in Stab a ein Druck in der Pfeilrichtung erzeugt, so tritt im Punkte c ein nach unten gerichteter Druck auf. Der Gelenkpunkt c würde sich also senken. Umgekehrt tritt bei c ein nach oben gerichteter Druck auf, der Gelenkpunkt c würde sich heben, wenn (Abb. 124) der Stab a an seinem linken Ende festgehalten würde und in Stab b ein Zug in der Pfeilrichtung aufträte. Vergleicht man die Abb. 123 u. 124 mit Abb. 112 auf S. 72, so erkennt man, daß a die Kolbenstange, b die sogenannte Schubstange vorstellt. Man sieht, daß der Punkt, wo Kolbenstange und Schubstange zusammentreffen, in irgendeiner Weise unterstützt oder „geradegeführt" werden muß, wenn er nicht je nach der Art des in c auftretenden Druckes nach oben oder nach unten ausweichen soll. Daß aber z. B. bei einer Dampfmaschine im Verlaufe eines Kolbenhubes tatsächlich beiderlei Drücke im Punkte c auftreten können, zeigt folgende Überlegung: Denken wir uns, der Kolben (Abb. 112 auf S. 72) gehe von links nach rechts. Im ersten Teile des Hubes, wo der Dampf mit vollem Drucke auf den Kolben wirkt, wird das auf der Maschinenwelle sitzende Schwungrad vermöge Kurbel und Schubstange dem Dampfdrucke einen Widerstand entgegensetzen: wir bekommen die Verhältnisse in Abb. 123. Im letzten Teile des Hubes dagegen wird der Druck des Dampfes, der inzwischen vom Kessel abgesperrt ist und sich im Zylinder weit ausgedehnt hat, seine Spannung also zum größten Teile verloren hat, nicht mehr die Kraft besitzen, das Schwungrad weiter zu drehen. Im Gegenteil: Im letzten Teile des Hubes wirkt das Schwungrad vermittels Kurbel und Schubstange ziehend auf den Kolben, mit anderen Worten, während des letzten Teiles des Hubes haben wir die Verhältnisse von Abb. 124.

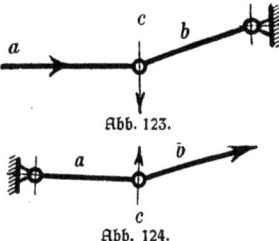

Abb. 123.

Abb. 124.

Die Geradführung des Punktes c kann nun in verschiedener Weise erfolgen. Eine einfache Art ist die, die Kolbenstange zu verlängern (Abb. 125), diese Verlängerung noch einmal durch eine besondere

Büchse zu führen und dann im Punkte c die gabelförmig gestaltete Schubstange angreifen zu lassen. (Abb. 125 stellt die Anordnung von oben gesehen dar.) Infolge der bei c auftretenden Drücke (vgl. Abb. 123 u. 124) wird dann aber die Kolbenstange auf Durchbiegung beansprucht, der Druck pflanzt sich bis in die Stopfbüchse fort, und daher ist diese Art der Geradführung nur bei kleinen Maschinen zulässig.

Die Geradführung, die bei neuzeitlichen Kraftmaschinen heute fast ausschließlich verwendet wird, ist diejenige durch Kreuzkopf und Gleitbahn (Abb. 126). Der Punkt c (Abb. 123), welcher den „Kopf" der Kolbenstange bildet, ist hier in „kreuz"=förmiger Weise ausgebildet, und die beiden Enden des kurzen „Kreuz"=Balkens bewegen sich auf Gleitbahnen, wodurch also eine sehr vollkommene Art der Geradführung erreicht wird.

Auf den ersten Blick scheint manchmal der Kreuzkopf nur eine einseitige Führung zu besitzen, da man Anordnungen nach Abb. 127 u. 128 selbst bei sehr großen Maschinen (z. B. Gasmaschinen) nicht selten antrifft. Diese „einseitige" Führung, die nach den Betrachtungen an Hand der Abb. 123 u. 124 nicht zulässig wäre, ist auch nur scheinbar eine einseitige. Abb. 128 zeigt, daß die Grundplatte des Kreuzkopfes in diesem Falle verbreitert ist und durch aufgeschraubte Leisten L die nach oben gerichteten Drücke (Abb. 124) aufgenommen werden. (Vgl. auch L in Abb. 130 rechts.)

Neuzeitliche Ausführungen von Gleitbahnen der eben genannten Art zeigen die beiden Abbildungen 129 und 130. Wie man erkennt, sind hier die Gleitbahnen gleich in Verbindung gebracht mit dem Lager oder mit den Lagern für die Welle der Kraftmaschine. Dies hat bei sorgfältiger Werkstattarbeit den großen Vorteil, daß beim Zusammenbau der Maschine die gegenseitige Lage von Welle, Kurbel, Gleitbahn und Kolbenstange schon durch den Aufbau des ganzen „Rahmens", wie der Teil dann genannt wird, gesichert ist. Der Rahmen Abb. 129 wird seiner Form wegen auch wohl als Bajonettrahmen bezeichnet, während Abb. 130 aus leichtverständlichen Gründen mit Gabelrahmen bezeichnet zu werden pflegt.

Einen für einen Bajonettrahmen bestimmten Kreuzkopf (in einer Ausführung von Haniel u. Lueg in Düsseldorf=Grafenberg) zeigt Abb. 131. K ist noch ein Stück der Kolbenstange, während a der hohle Zapfen ist, an welchem (im Inneren des Kreuzkopfes) die zur Kurbel führende Schubstange angreift. Man erkennt leicht oben und unten

Geradführungen

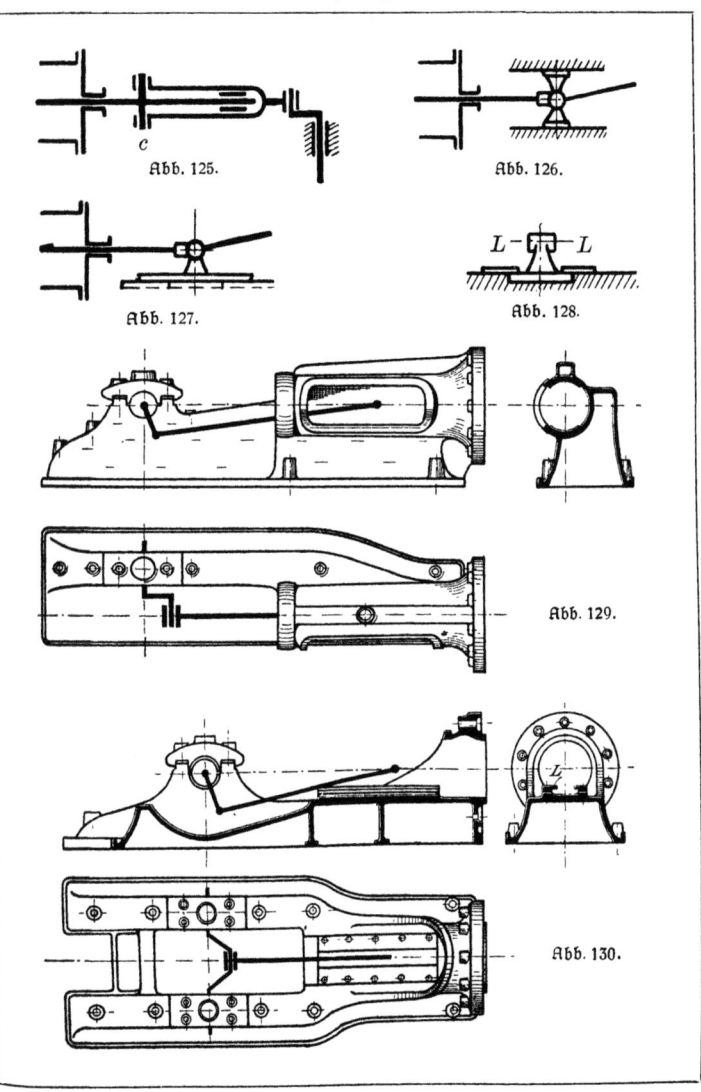

Abb. 125.　　Abb. 126.

Abb. 127.　　Abb. 128.

Abb. 129.

Abb. 130.

82 IV. Maschinent. 3. Umänder. ein. geradlin. i. eine kreisförm. Bewegung usw.

die zylindrisch ausgeführten Gleitschuhe, welche auf den ebenfalls zylindrisch ausgedrehten inneren Gleitbahnen des Bajonettrahmens hin und her gleiten.

Der Kreuzkopfkörper besteht aus Gußeisen oder Stahlguß, die abnehmbaren und nachstellbaren Gleitschuhe aus Gußeisen, zuweilen mit einem besonderen Weißmetall- oder Rotgußfutter (Abb. 131).

6. Schubstangen.

Die Schubstangen, auch Treibstangen oder Pleuelstangen genannt, haben, wie Abb. 112 auf S. 72 erkennen läßt, die Aufgabe, einen im Kreuzkopfe befestigten und mit ihm hin und her gehenden Zapfen (den Kreuzkopfzapfen) mit dem im Kreise umlaufenden, am Ende der Kurbel befindlichen Zapfen (dem Kurbelzapfen) zu verbinden. Zu diesem Zwecke müssen im allgemeinen die beiden Enden der Schubstange, die sogenannten Schubstangenköpfe, die Form von Lagern besitzen. Eine Ausnahme bildet nur der Fall, daß das am Kreuzkopf befindliche Ende der Schubstange gabelförmig ausgebildet ist und der sonst im Kreuzkopf befindliche Zapfen in der Gabel des Schubstangenkopfes festgemacht ist. In diesem Falle ist dann der mittlere Teil des Kreuzkopfes als Lager ausgebildet, in welchem sich der in der Schubstange befestigte Zapfen drehen kann.

Ihrer Form nach unterscheidet man geschlossene und offene Schubstangenköpfe. Offen nennt man einen Schubstangenkopf dann, wenn er so gebaut ist, daß man ihn auch dann um den zugehörigen Zapfen herumlegen kann, wenn keine Möglichkeit geboten ist, ihn seitlich auf den Zapfen aufzuschieben oder den Zapfen durch ihn hindurchzustecken. Abb. 132 stellt z. B. einen solchen

Abb. 132.

Schubstangen. Kurbeln 83

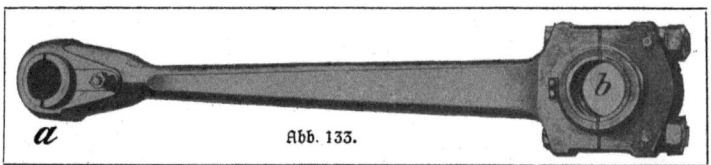
Abb. 133.

Fall dar. Der Kurbelzapfen befindet sich hier in der Mitte einer Welle, und es ist klar, daß in diesem Falle der Schubstangenkopf zunächst ganz zerlegt werden muß, wenn es möglich sein soll, ihn um den Kurbelzapfen herum anzuordnen. Abb. 133 zeigt eine Schubstange von Haniel u. Lueg, Düsseldorf, mit einem geschlossenen (links) und einem offenen Kopfe (rechts). Der Kopf a umschließt den in Abb. 131 mit demselben Buchstaben bezeichneten Zapfen im Innern des Kreuzkopfes, während Kopf b an dem Kurbelzapfen einer gekröpften Welle (z. B. T, Abb. 40 auf S. 26) angreift. Gerade so, wie das früher bei Lagern (S. 32) erwähnt wurde, besitzen die Schubstangenköpfe Lagerschalen aus weichem Metall, die sich mit der Zeit abnützen und, um ein Schlottern des Zapfens in dem Lager zu vermeiden, nachgestellt werden müssen.

7. Kurbeln.

Bei Kurbeln unterscheidet man (Abb. 134) die auf der Welle W sitzende Kurbelnabe N, den Kurbelarm a und den Kurbelzapfen Z. Zunächst wäre zu bemerken, daß sowohl die Befestigung der Kurbelnabe auf der Welle wie auch die Befestigung des Kurbelzapfens in dem Kurbelarme eine außergewöhnlich zuverlässige und sichere sein muß, da sonst, wie leicht einzusehen ist, durch das fortwährende Drehen und Hin- und Herrütteln bei der in Bewegung befindlichen Maschine ein Lockerwerden dieser Teile sehr bald eintreten müßte. Die Befestigung geschieht daher meist in der Weise, daß die zur Aufnahme von Kurbelzapfen und Welle bestimmten Enden der Kurbel angewärmt werden. Sie dehnen sich dadurch aus, die Löcher erweitern

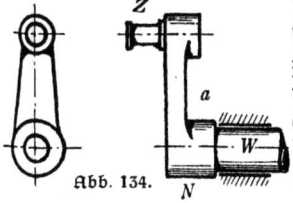
Abb. 134.

sich und ziehen sich dann nach Hineinstecken des Wellenendes und des Kurbelzapfens bei der Abkühlung wieder zusammen, sie „schrumpfen" zusammen (daher auch der Name „Aufschrumpfen") und halten so die genannten Teile fest. Eine andere Art der Befestigung ist die, daß

6*

84 IV. Maschinent. 3. Umänder. ein. geradlin. i. ein. kreisförm. Bewegung usw.

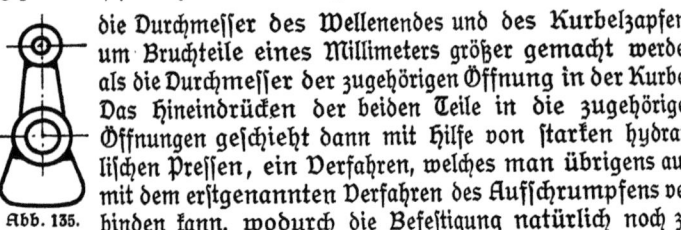

Abb. 135.

die Durchmesser des Wellenendes und des Kurbelzapfens um Bruchteile eines Millimeters größer gemacht werden als die Durchmesser der zugehörigen Öffnung in der Kurbel. Das Hineindrücken der beiden Teile in die zugehörigen Öffnungen geschieht dann mit Hilfe von starken hydraulischen Pressen, ein Verfahren, welches man übrigens auch mit dem erstgenannten Verfahren des Aufschrumpfens verbinden kann, wodurch die Befestigung natürlich noch zuverlässiger wird.

Bei großen Maschinen können durch die bedeutenden hin und her zu bewegenden Massen unliebsame Schwankungen und Erschütterungen in der Maschine auftreten. Man führt daher an der dem Kurbelarme gegenüberliegenden Seite der Nabe ein sogenanntes Gegengewicht aus (Abb. 135), welches dadurch, daß es immer nach der entgegengesetzten Seite schwingt als der Kurbelarm, diese Schwankungen und Erschütterungen beseitigen oder wenigstens mildern soll.

Liegt die Notwendigkeit vor, eine oder mehrere Kurbeln zwischen den Enden einer Welle anzubringen, so erhält man Kurbelkröpfungen, auch gekröpfte Welle genannt (vgl. die Abb. 40 auf S. 26). Derartige Kröpfungen sind z. B. bei Schiffsmaschinen nicht zu vermeiden, wo die verlängerte Welle entweder die Schaufelräder (bei Raddampfern) oder aber den oder die Propeller (bei Schraubendampfern) aufzunehmen hat. Die fehlerlose Herstellung derartiger Wellenkröpfungen ist eine außergewöhnlich schwierige Arbeit, die nur von besonders darauf eingerichteten Fabriken ausgeführt werden kann.

Bisweilen kommt es vor, daß auf der der Welle abgewendeten Seite der Kurbel noch eine zweite Kurbel vorhanden sein muß (Abb. 136 u. 137), deren Zapfen dann in der Regel einmal einen kleineren Kreis beschreiben soll, der aber auch ferner nicht in der Ebene liegen darf, die man sich durch die Mittellinien von Kurbelzapfen und Welle gelegt denken kann. Es wird in diesem Falle an den Kurbelzapfen ein neuer Arm angebracht, an dessen vorderem Ende der neue Kurbelzapfen sitzt. Abb. 136 u. 137 zeigen eine solche

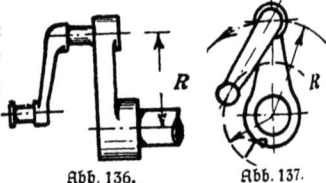

Abb. 136.   Abb. 137.

Kurbel mit „Gegenkurbel", wie diese zweite Kurbel in der Regel genannt wird. Ist R der Halbmesser der großen Kurbel, d. h. der Abstand der Mittellinien von Welle und Kurbelzapfen, so zeigt die Abb. 137, daß der Halbmesser des Kurbelkreises der Gegenkurbel nur r ist, und daß der Kurbelzapfen der Gegenkurbel dem der Hauptkurbel voreilt, wenn die Hauptwelle sich in der durch den Pfeil angedeuteten Richtung umdreht.

8. Bauliche Abänderungen der Kurbel.

Kurbelschleife. Ein Kurbelgetriebe in einer ganz anderen als der bisher besprochenen Form unter Benützung einer Schubstange stellen die Abb. 138 u. 139 dar. Die Kolbenstange ist hier schleifenartig erweitert und an ihren Enden in einer Büchse geführt. In der genannten Schleife bewegt sich ein Stein, in welchen der Zapfen der seitlich von der Kolbenstange (Abb. 139) gelagerten Kurbel eingreift. Die Bauart hat den Vorteil, daß wegen des Fortfallens der ganzen Schubstangenlänge die Kurbel dem Zylinder stark genähert werden kann, der Aufbau der Maschine also ein sehr kurzer wird. Da aber durch die

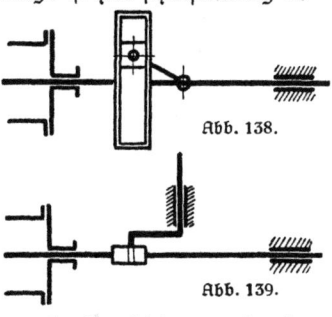

Abb. 138.

Abb. 139.

Reibung des in der Schleife hin und her gehenden Steines große Arbeitsverluste verursacht werden, ist die Anwendung der „Kurbelschleife", wie diese Anordnung genannt wird, nur auf kleine Maschinen beschränkt.

Exzenter. In dem unten abgebildeten Kurbelgetriebe (Abb. 140) stellt S noch einmal die Schubstange dar, die an dem Zapfen einer Kurbel von der Länge r angreift. Der Kreuzkopf (oder auch der Kolben) legt dann, wie leicht einzusehen ist, bei einer halben Umdrehung der Maschinenwelle den Weg 2r zurück. Nun muß es aber offen bar für die Bewegung des Kolbens oder des Kreuzkopfes vollständig gleichgültig sein, wie groß der Durchmesser des Kurbelzapfens ist. Es müssen z. B. die Bewegungsverhältnisse genau dieselben bleiben, wenn der Durchmesser des Kurbelzapfens so groß gemacht wird, daß er selbst die

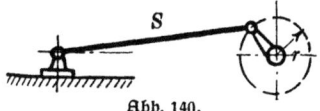

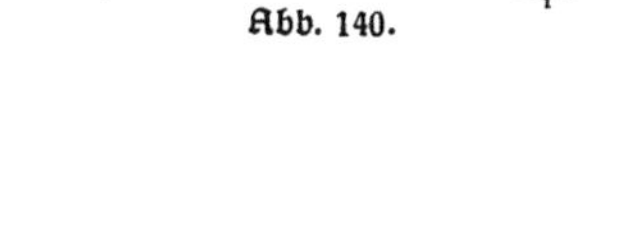

Abb. 140.

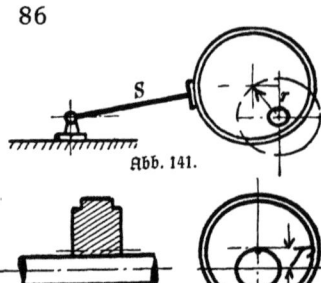
Abb. 141.

Abb. 142.

Maschinenwelle umschließt (Abb. 141). Der Mittelpunkt des großen, hier Exzenter genannten Zapfens beschreibt dann noch geradeso wie vorher einen Kreis vom Halbmesser r (r wird hier Exzentrizität des Exzenters genannt). Der Kreuzkopf und damit auch der Kolben legen noch gerade so wie früher bei einer halben Umdrehung der Maschinenwelle den Weg 2r zurück.

Der Zweck und der Vorteil dieser Anordnung besteht darin, daß es mit ihrer Hilfe möglich ist, „Kurbeln" mit kleinem Kurbelhalbmesser auch inmitten einer starken Welle anzubringen, ohne erst eine schwierig herzustellende und teurere Wellenkröpfung ausführen zu müssen. Der die Welle in sich schließende „Kurbelzapfen" besteht in diesem Falle aus einer exzentrisch auf die Welle aufgesetzten kreisrunden Scheibe, dem Exzenter (Abb. 142), während der „Kopf der Schubstange" in einem ringförmigen Bügel besteht, der um das Exzenter herumgelegt ist. Scheibe und Bügel haben dabei entsprechend gestaltete Querschnitte (s. d. Abb.), so daß der Bügel („Exzenterring") nicht von dem Exzenter abgleiten kann. Die „Schubstange" heißt in diesem Falle Exzenterstange. Wird die Exzentrizität, d. h. also der Kurbelarm zu groß, so würde das ganze Exzenter zu groß und zu schwer werden; außerdem würden auf dem großen „Kurbelzapfen"-Umfange bei der Drehung so erhebliche Arbeitsverluste durch Reibung entstehen, daß man in einem solchen Falle wohl einer Kurbelkröpfung den Vorzug geben würde.

V. Rohre.

1. Gußeiserne Rohre.

Die gußeisernen Rohre lassen sich in zwei große Gruppen einteilen, deren Erkennungsmerkmale in der Art und Weise der Verbindung der einzelnen Rohre untereinander bestehen. Diese zwei Gruppen sind die Flanschenrohre und die Muffenrohre.

Flanschenrohre. Unter Flanschenrohren versteht man Rohre (Abb. 143), deren Enden tellerförmige Erweiterungen (Flanschen) besitzen. Die Verbindung mehrerer solcher Rohre zu einer fortlaufenden Rohr-

Rohre. Gußeiserne Rohre

leitung („Rohrstrang") geschieht in der Weise, daß die Rohre mit ihren Flanschen aneinandergelegt und diese Flanschen vermittelst Schrauben aneinander angepreßt werden. In der Regel liegen dabei die Flanschen nicht mit ihrer ganzen Fläche aufeinander auf, sondern nur mit verhältnismäßig schmalen Ringflächen (Arbeitsleisten), zwischen die dann meist auch noch weiche Stoffe, wie Gummi, Asbestpappe, scharfkantige Kupferringe u. dgl. gelegt werden, um eine bessere Abdichtung herbeizuführen.

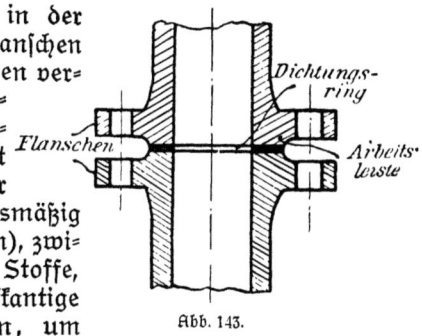

Abb. 143.

Muffenrohre. Für Rohrleitungen, durch welche Gase und Flüssigkeiten von verhältnismäßig niedrigem Druck und niedriger Temperatur hindurchgeleitet werden, kommt in der Regel, wenn es sich um größere Durchmesser handelt, eine andere Art von Rohren zur Verwendung, die man nach der Form ihrer Enden mit dem Namen Muffenrohre zu bezeichnen pflegt. Während die Flanschenrohre an beiden Enden gleichgestaltet sind, erhalten die Muffenrohre an einem Ende eine Ausweitung (Muffe), das andere Ende dagegen ist glatt. Um eine Rohrverbindung herzustellen, wird das glatte Ende des einen Rohres in die Muffe des anderen Rohres hineingesteckt (Abb. 144) und der Zwischenraum zwischen Muffe und eingestecktem Rohrende zunächst mit in Teer getränkten Hanfzöpfen und oben mit eingegossenem Blei (oder mit „Bleiwolle") angefüllt. Hanfzöpfe sowohl wie Blei werden mit stumpfen Meißeln eingestemmt, um so eine vollständige Abdichtung zwischen den beiden Rohren zu erreichen. Sollten zufällig einmal zwei glatte zylindrische Enden von Rohren zusammentreffen, so läßt sich eine Verbindung durch eine sogenannte Doppelmuffe oder Überschiebmuffe (Abb. 145) bewerkstelligen. Derartige Überschiebmuffen können übrigens auch dann Verwendung finden, wenn ein Rohr an einer Stelle gebrochen ist. Über die schadhafte Stelle wird dann eine Überschiebmuffe geschoben und die Muffe an beiden Enden abgedichtet.

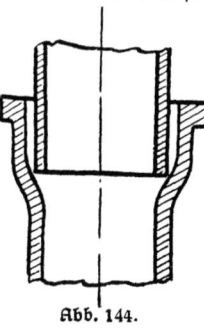

Abb. 144.

88 V. Rohre

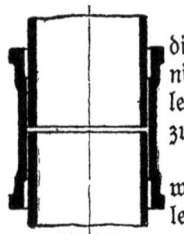
Abb. 145.

Für hohe Drücke sowie für hohe Temperaturen ist die bei Muffenrohren verwendete Abdichtungsart nicht geeignet. Hochdruckwasserleitungen und Dampfleitungen sind daher stets mit Flanschenrohren auszuführen.

Normalien für gußeiserne Rohre. Bei dem Entwurf und der Berechnung einer gußeisernen Rohrleitung ist zu beachten, daß sowohl für Flanschenrohre wie für Muffenrohre von dem Verein deutscher Ingenieure in Gemeinschaft mit dem Verein der Gas- und Wasserfachmänner Tabellen aufgestellt worden sind, welche in ganz Deutschland für die Anfertigung solcher Rohre maßgebend sind und an deren Angaben man sich zu halten hat, da sonst die Ausführung der Rohrleitung zu teuer werden würde.

Diese Tabellen geben zunächst an, in welchen lichten Weiten (d. h. mit welchen inneren Durchmessern) die Rohre ausgeführt werden, und sodann die bei den einzelnen lichten Durchmessern auszuführenden Wandstärken, Tiefe und Stärke der Muffe, Breite und Dicke der Flanschen, Anzahl und Weite der Schraubenlöcher in den Flanschen, Stärke der zu verwendenden Schrauben usw. Auch für die Länge der einzelnen Rohre, die sogenannte Baulänge, sind Maße vorgeschrieben, dabei ist angenommen, daß die Rohre im Betriebe einen Druck von höchstens 10 at (Atmosphären, d. h. kg für den qcm) aushalten sollen, während sie bei einer nach der Anfertigung in der Regel vorgenommenen Prüfung einem Drucke von 20 at standhalten sollen.

Des weiteren hat man bei dem Entwurfe einer Rohrleitung zu beachten, daß es auch für Abzweigungen einzelner Rohrstränge, für Krümmungen, Änderungen des Durchmessers usw. besonders geformte Rohrteile, sogenannte Formstücke gibt, deren Abmessung und

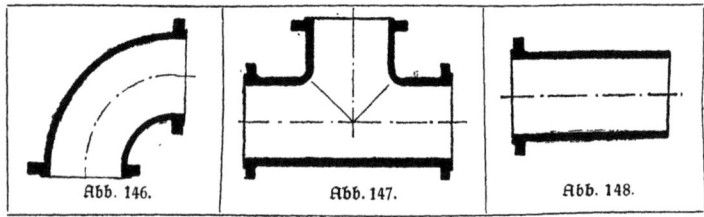

Abb. 146. Abb. 147. Abb. 148.

Rohre aus schmiedbarem Eisen 89

Gestalt von jenen beiden obengenannten Vereinen in
Tabellen festgelegt sind. Die Abb. 146 bis 148 geben
einige Beispiele aus diesen Tabellen. Abb. 146 ist ein
Krümmer, Abb. 147 ein T=Stück für Flanschenrohre; Form=
stücke nach Abb. 148 und 149 ermöglichen den Übergang
von Flanschenrohren zu Muffenrohren und umgekehrt.

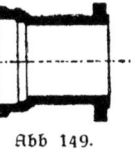
Abb 149.

2. Rohre aus schmiedbarem Eisen.

Genietete Rohre. Muß der Durchmesser einer Rohrleitung sehr
groß werden (etwa 1,5 m und darüber), so würden gegossene Rohre
zu schwer und zu teuer werden. Man verwendet in diesem Falle lieber
Rohre, welche aus gebogenen Blechen zusammengenietet sind in ähn=
licher Weise, wie dies bei Dampfkesseln der Fall ist. Derartige Rohre
finden z. B. Verwendung für die Leitungen, welche einer Hochofen=
anlage die in großen Gebläsen erzeugte Preßluft
zuführen, für Leitungen, welche einer Wasserkraft=
anlage größere Mengen Wasser von weit her zuleiten
usw. An sich wäre es möglich, eine solche lange Lei=
tung etwa gerade so wie einen Dampfkessel gewisser=
maßen als ein einziges sehr langes genietetes Rohr
herzustellen. Des bequemeren Zusammenbaues we=
gen werden aber statt dessen gerade so wie bei guß=
eisernen Rohren verhältnismäßig kurze Rohrstrecken
hergestellt, die an ihren Enden mit Flanschen ver=
sehen und dann ganz ähnlich wie Flanschenrohre unter Zuhilfe=
nahme von Schrauben verbunden werden. Die Herstellung dieser
Flanschen geschieht einfach in der Weise, daß, wie die Skizze Abb. 150
zeigt, ein nach dem Umfange des Rohres gebogenes Winkeleisen an je
einem Ende des Rohres angenietet wird.

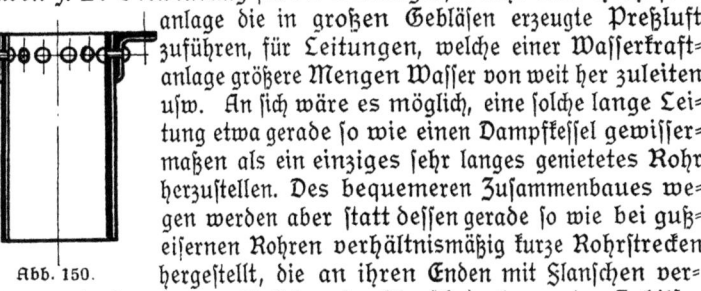
Abb. 150.

Geschweißte Rohre. Obgleich in neuester Zeit Rohre bis zu den
größten Durchmessern durch Zusammenschweißen gebogener Blech=
platten hergestellt werden — werden doch sogar schon ganze Dampf=
kessel durch Zusammenschweißen statt durch Zusammennieten der
einzelnen Blechplatten ausgeführt —, so beschränkt sich das Haupt=
anwendungsgebiet geschweißter Rohre doch meist auf Rohre von ver=
hältnismäßig geringem Durchmesser, wie Gasrohre, Heizungs=
rohre u. dgl. Ihrer Herstellungsweise nach unterscheidet man stumpf=
geschweißte, überlapptgeschweißte und spiralgeschweißte

V. Rohre

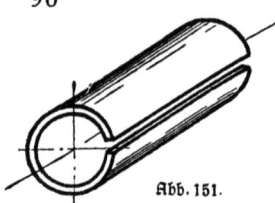
Abb. 151.

Rohre. Die Herstellung der stumpfgeschweißten Rohre geschieht in der Weise, daß lange schmale Bleche, wie Abb. 151 zeigt, kreisförmig gebogen und ihre „stumpf" aneinander stoßenden Kanten zusammengeschweißt werden. Bei den überlapptgeschweißten Rohren werden dagegen die Längskanten übereinander gebogen (Abb. 152) und dann erst zusammengeschweißt. Die Herstellung der stumpfgeschweißten Rohre ist einfacher und billiger, wogegen die überlapptgeschweißten Rohre eine größere Festigkeit besitzen. Stumpfgeschweißte Rohre finden daher hauptsächlich Verwendung zur Fortleitung von Gasen oder Flüssigkeiten, die unter ganz geringen Drücken stehen, wie z. B. Leuchtgas.

Eine besondere Art geschweißter Rohre sind die für etwas größere Durchmesser (etwa 150—600 mm) hergestellten spiralgeschweißten Rohre, bei denen lange schmale Bleche spiralförmig um einen Dorn gebogen und dann, wie Abb. 153 andeutet, zusammengeschweißt werden. Sie sind natürlich teurer, halten aber höhere Drücke aus als die gewöhnlichen stumpf- oder überlapptgeschweißten Rohre.

Die Verbindung der Gasrohre untereinander geschieht, wie wohl allgemein bekannt sein dürfte, dadurch, daß die Rohre an ihren Enden mit Gewinde versehen werden und dann in kurze, innen mit entsprechendem Gewinde versehene Rohrstücke, sogenannte Muffen, eingeschraubt werden.

Die Verbindung von geschweißten Rohren für höhere Drücke geschieht bei kleineren Durchmessern in ähnlicher Weise. Bei größeren Durchmessern wird die Verbindung in verschiedener Form ausgeführt. Eine Art der Verbindung ist z. B. die, daß gleich bei der Herstellung der Rohre an die beiden Enden kurze, kräftige Flanschen a (Abb. 154) angeschweißt werden, an welche sich größere, vorher auf das Rohr aufgeschobene und auf ihm bewegliche Flanschen b anlegen.

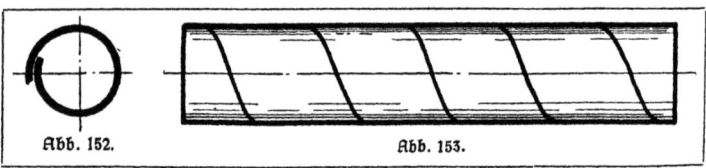
Abb. 152.   Abb. 153.

Nahtlose Rohre

Vermittelst Schrauben, die durch diese größeren Flanschen hindurchgesteckt werden, findet dann die Verbindung der Rohre in derselben Weise statt, wie dies früher S. 87 bei den Flanschenrohren besprochen wurde.

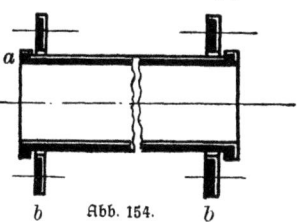

Abb. 154.

Nahtlose Rohre. Die neueste Art von Rohren aus Schmiedeisen bilden die sogenannten nahtlosen Rohre, die namentlich dann ihre Verwendung finden, wenn es sich um das Fortleiten von Flüssigkeiten handelt, die unter sehr hohem Drucke stehen (bis zu 200 at und darüber). Ihre Herstellung kann auf mancherlei Art geschehen. Die eine Art z. B., nach dem Verfahren von Mannesmann, besteht darin, daß vermöge eines eigentümlichen Walzverfahrens einem runden Eisenstabe, um es drastisch auszudrücken, gewissermaßen die Haut abgestreift wird (Abb. 155). Eine andere Art der Herstellung nach dem Verfahren von Ehrhardt besteht darin, daß in einen vollen Eisenblock ein Stempel hineingestoßen wird und auf diese Weise eine Art kurzer, dicker Fingerhut erzeugt wird (Abb. 156). Durch weiteres Ausstrecken dieses „Fingerhutes", wobei das Eisenstück mehrmals erwärmt wird, erhält man schließlich ein Rohr von dem gewünschten Durchmesser (Abb. 157, 158).

Die Verbindung solcher nahtlosen Rohre kann in mannigfacher Form geschehen, z. B. entweder in derselben Weise wie bei Gasrohren oder nach Art der Abb. 154. Wird die Bedingung gestellt, daß zwei miteinander verbundene Rohre außen wie innen keinerlei Vorsprünge aufweisen, wie das z. B. bei Rohren der Fall sein muß, die für Tiefbohrungen verwendet werden, so wird auf eine kurze Entfernung bei dem

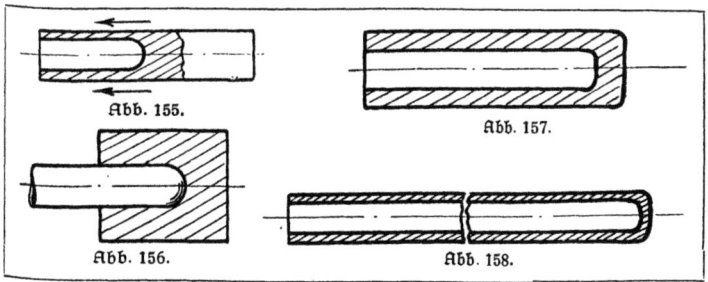

Abb. 155.

Abb. 157.

Abb. 156.

Abb. 158.

92 V. Rohre

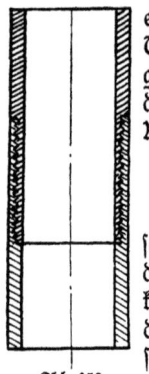

einen Rohre außen, bei dem anderen Rohre innen ein Teil der Wandung entfernt, dann werden diese stehengebliebenen Wandteile, der eine mit äußerem, der andere mit innerem Gewinde versehen und die beiden Rohre dann ineinander geschraubt (Abb. 159).

3. Kupfer=, Messing= und Bleirohre.

Die Herstellung der Kupfer= und Messingrohre geschieht entweder durch Zusammenlöten, ähnlich wie bei den geschweißten Eisenröhren, oder, wenn die Rohre keine „Naht" haben dürfen, durch Verfahren ähnlich dem bei nahtlosen Eisenrohren. Eine dritte Art der Herstellung nahtloser Kupferrohre ist die auf elektrolytischem Wege (Elmore=Verfahren). Die Zusammenfügung derartiger Rohre kann z. B. in der Weise geschehen, daß an die Enden Flanschen in Winkeleisenform (ähnlich Abb. 150 auf S. 89) angelötet werden. Bei Kupferrohren werden die Enden häufig umgebördelt (Abb. 160) und durch vorher aufgeschobene verschiebbare Flanschen, ähnlich wie Abb. 154, die Verbindung hergestellt.

Abb. 159.

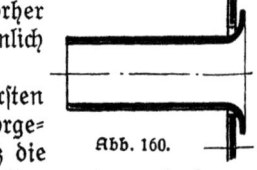

Abb. 160.

Mehrfache Unglücksfälle, die durch Bersten kupferner Dampfleitungen auf Schiffen vorgekommen sind, haben zur Folge gehabt, daß die Marine besondere Bestimmungen über die Verwendung kupferner Rohre zu Dampfleitungen erlassen hat, nach welchen z. B. gelötete Kupferrohre für höhere Dompfspannungen nicht genommen werden dürfen. Ferner müssen z. B. nach diesen Bestimmungen Kupferrohre von 125 mm lichter Weite und darüber für Dampf von mehr als 8 at Spannung mit verzinkten Stahldrahttauen fest umwickelt werden usw.

Bleirohre. Bleirohre werden meist nur in verhältnismäßig kleinen Durchmessern, hauptsächlich für Wasserleitungszwecke, ausgeführt. Ihr Hauptvorteil besteht in ihrer großen Biegsamkeit, dagegen haben gewöhnliche Bleirohre den Übelstand, daß sie von hartem, d. h. kalthaltigem Wasser angegriffen werden, indem sich ein Teil des Bleies auflöst und so zu Bleivergiftungen Anlaß geben kann. Bleirohre für Wasserleitungszwecke werden daher im Innern meist mit einem dünnen Überzug aus Zinn versehen. Die Verbindung solcher zu Wasser=

leitungszwecken bestimmter Bleirohre geschieht meist einfach dadurch, daß das Ende des einen Rohres vermittelst eines kegelförmigen Holzstückes etwas aufgetrieben und das andere Rohrende in diese Erweiterung hineingesteckt wird, worauf dann durch Verlöten mit gewöhnlichem Zinnlot die Verbindung hergestellt wird (Abb. 161).

4. Ausdehnungsvorrichtungen.

Abb. 161.

Die bekannte physikalische Erscheinung, daß ein Körper sich bei Erwärmung ausdehnt, bei Abkühlung dagegen wieder zusammenzieht, erfordert bei langen Rohrleitungen besondere Vorsichtsmaßregeln, die darin bestehen, daß man den Rohrleitungen die Möglichkeit geben muß, die durch Temperaturschwankungen (z. B. schon infolge von Sonnenbestrahlung) verursachten Längenänderungen in irgendeiner Weise auszugleichen. Bisweilen genügt schon die eigene Elastizität der Rohre, so z. B. dann, wenn lange Dampfleitungen ein oder mehrere Kniee bilden (Abb. 162). In anderen Fällen (Abb. 163), genügt es, wenn die Löcher für die die Flanschen zusammenhaltenden Schrauben etwas größer ausgeführt werden, so daß die Flanschen sich gegeneinander etwas verdrehen können usw.

Abb. 162.

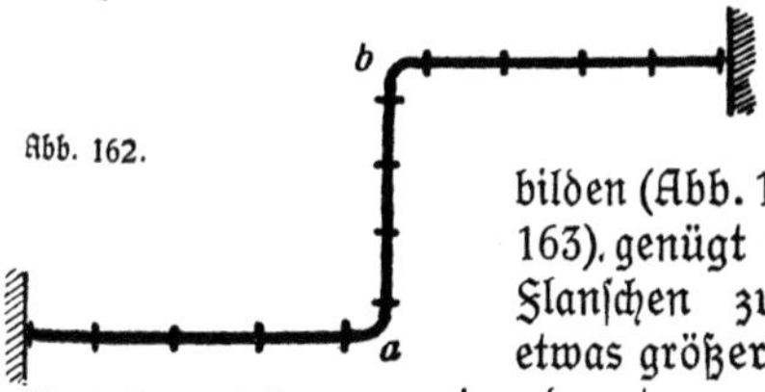

Genügen diese einfachen Hilfsmittel nicht, so müssen Ausdehnungsvorrichtungen an ihre Stelle treten. Eine weitverbreitete derartige Vorrichtung besteht in der Einschaltung von Bogenrohren (Abb. 164) aus Kupfer (bisweilen auch aus Stahl), deren Elastizität dann den einzelnen Rohrabschnitten eine Ausdehnung oder Zusammenziehung erlaubt. Es ist nur darauf zu achten, daß derartigen Bogenrohren

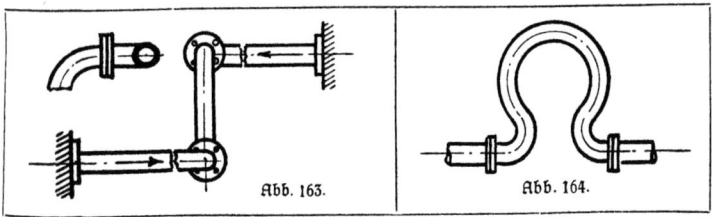

Abb. 163.   Abb. 164.

keine zu großen Durchbiegungen zugemutet werden, d. h. sie müssen genügend groß und in genügender Anzahl ausgeführt werden, wenn sie nicht durch die fortwährenden Biegungen und Streckungen in kurzer Zeit zu Bruche gehen sollen.

Eine andere häufig gebrauchte Ausdehnungsvorrichtung besteht in der Zwischenschaltung einer Stopfbüchse, die allerdings den Übelstand hat, daß sie stets in gutem Zustande gehalten werden muß, also verhältnismäßig viel Bedienung erfordert, wenn sie nicht entweder undicht werden oder, was noch schlimmer ist, z. B. bei Dampfleitungen, so „festbrennen" soll, daß sie ihren Zweck nicht mehr zu erfüllen vermag.

Die beste, allerdings auch teuerste Art der Ausgleichung besteht darin, daß man z. B. an den Stellen a und b (Abb. 162) Kniestücke einschaltet, welche mit Kugelgelenken versehen sind und so den an sie angeschlossenen Rohrsträngen Bewegung in ziemlich weiten Grenzen ermöglichen.

VI. Ventile.

1. Einteilung und allgemeine Bauweise.

Die Zahl der Ausführungsformen von Ventilen ist eine so ungeheuer große, daß es nicht möglich erscheint, innerhalb des Rahmens dieses Buches eine auch nur annähernd vollständige Übersicht über diese verschiedenen Ausführungsformen zu geben. Es können daher im folgenden nur einige wenige, die Eigenart der verschiedenen Ventilklassen darstellenden Beispiele Erwähnung finden.

Ventile sind Maschinenteile, welche dazu dienen, Flüssigkeitsströme zeitweise zu unterbrechen oder umgekehrt unterbrochene wieder zu öffnen. Um dies zu bewirken, können die Ventile sich entweder senkrecht von ihrem Sitze erheben (Abb. 165), oder sie können sich von ihrem Sitze erheben, indem sie sich um eine Achse drehen (Abb. 176 auf S. 103), oder schließlich können sie sich auf ihrem Sitze verschieben (Abb. 177 u. 178 auf S. 103 u. 104). Demgemäß unterscheidet man dann drei große Klassen von Ventilen: nämlich Hubventile, Klappenventile und Schieber.

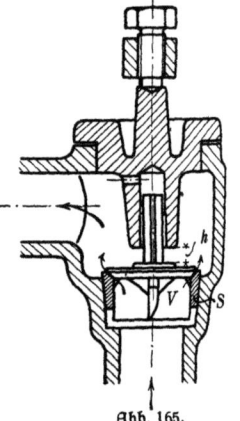

Abb. 165.

Ventile. Allgemeines

Gewöhnlich besteht ein Ventil aus zwei Hauptteilen: dem beweglichen Ventilkörper V und dem unbeweglichen Ventilsitze S (vgl. die Abb. 165, 172, 177). Der Ventilsitz, d. h. derjenige Teil des Rohres, des Pumpenkörpers u. dgl., auf den sich das Ventil beim Schließen aufsetzt, wird deshalb in der Regel als besonderer Teil ausgeführt und in das Rohr, die Pumpe usw. eingesetzt, weil es möglich sein muß, diesen Sitz rasch in bequemer Weise auszubessern oder durch einen neuen zu ersetzen, falls einmal durch irgendwelche Zufälligkeiten eine Beschädigung des Sitzes und damit eine Undichtigkeit eingetreten sein sollte.

Die Abdichtungsfläche zwischen Ventil und Ventilsitz besteht in der Mehrzahl der Fälle aus Metall (Gußeisen oder Bronze), zum Teil aber auch, namentlich bei geringeren Drücken und wenn das Auftreffen des Ventiles auf den Sitz möglichst geräuschlos erfolgen soll, aus weicheren Stoffen wie Filz, Gummi, Leder, Holz u. dgl. Auf die Temperatur und sonstige Beschaffenheit der das Ventil durchströmenden Flüssigkeit ist natürlich Rücksicht zu nehmen: bei heißen Flüssigkeiten z. B. ist Leder zu vermeiden, für säurehaltende Flüssigkeiten darf Eisen nicht verwendet werden usw.

Eine der wichtigsten Bedingungen, die beim Bau eines Ventiles berücksichtigt werden müssen und die, wie später ersichtlich sein wird, die Gestaltung der Ventile in ausschlaggebender Weise beeinflussen, ist die, daß der Flüssigkeitsstrom beim Hindurchgehen durch das Ventil möglichst wenig Querschnittsveränderungen erfahren soll, oder mit anderen Worten: der Querschnitt, der sich bei geöffnetem Ventile der Flüssigkeit darbietet, soll seiner Größe nach möglichst wenig von dem Querschnitte abweichen, durch den die Flüssigkeit vor Erreichen des Ventiles hindurchströmt. Vor allen Dingen eine Verringerung des Querschnittes muß also nach Möglichkeit vermieden werden, denn eine solche Verringerung hat zur Folge, daß dann die Flüssigkeit die Ventilöffnung mit gesteigerter Geschwindigkeit durchfließen muß, und diese Erhöhung der Geschwindigkeit ist, wie die Mechanik lehrt, immer mit einem Kraftverluste verbunden, der die Wirtschaftlichkeit der betreffenden Maschine (Pumpe o. dgl.) ungünstig beeinflußt.

Eine weitere Bedingung, die sich allerdings meist nur annähernd erfüllen läßt, ist die, daß die Flüssigkeit beim Durchströmen des Ventiles möglichst wenig Richtungsänderung erfahren soll, weil auch dies nach den Regeln der Mechanik mit Kraftverlust verbunden ist.

96 VI. Ventile

2. Hubventile.

Die Hubventile laſſen ſich in drei größere Klaſſen einteilen, je nach der Art und Weiſe, in welcher ihre Bewegung erfolgt:

1. Die Bewegung des Ventiles erfolgt von Hand, in der Regel unter Zuhilfenahme einer Schraube: Abſperrventile;

2. die Bewegung des Ventiles geſchieht, wie man ſagt, „ſelbſttätig", das heißt (wie weiter unten noch genauer erläutert werden ſoll) durch Einwirkung des Flüſſigkeitsdruckes unterſtützt durch die eigene Schwere des Ventiles oder durch Federn: man nennt ſie ſelbſttätige Ventile;

3. Öffnung und Schluß des Ventiles wird durch die Maſchine ſelbſt betätigt, z. B. unter Zuhilfenahme von Hebeln u. dgl.: ſie heißen dann Ventile mit geſteuerter Öffnungs- oder mit geſteuerter Schluß- bewegung oder kurz geſteuerte Ventile.

A. Abſperrventile.

Ein Beiſpiel eines Abſperrventiles zeigt Abb. 166. Wie man ſieht, wird der Ventilkörper V dadurch bewegt, daß man an dem Hand- rande H in entſprechender Weiſe dreht und ſo die mit dem Ventile verbundene Schraubenſpindel herauf- oder hinunterſchraubt. Um dem geöffneten Ventile eine gute Führung zu geben, erhält es unten Rippen oder Flügel R, welche bewirken, daß ſich das Ventil beim Schließen genau auf ſeinen Sitz auflegt.

B. Selbſttätige Ventile.

Das Anwendungsgebiet der ſelbſttätigen Ventile ſind Pumpen aller Art, Gebläſe, Kom- preſſoren uſw. Ihre Wirkungsweiſe läßt die Gerippſkizze Abb. 116 auf S. 75 erkennen, die eine einfache Pumpe mit Tauchkolben darſtellen ſoll. Geht der Kolben nach rechts, ſo tritt in dem Pumpenraume ein Unter- druck ein. Der außerhalb der Pumpe auf dem Waſſerſpiegel laſtende Luftdruck drückt das Waſſer in dem Saugrohre der Pumpe in die Höhe. Unter dem Einfluſſe dieſes Waſ- ſerdruckes öffnet ſich das Ventil S (hier Saugventil genannt), und das Waſſer tritt

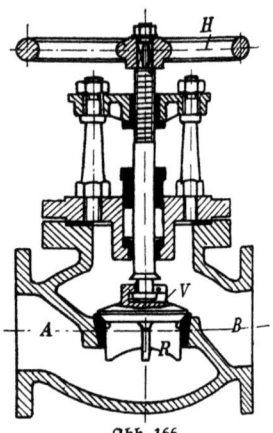

Abb. 166.

Hubventile

in den Pumpenraum ein. Dreht der Kolben wieder nach links um und dringt in den Pumpenraum ein, so erhöht sich hier der Druck des Wassers. Das 3. B. infolge eigener Schwere niedergesunkene Ventil S wird, wiederum unter dem Einflusse dieses Wasserdruckes, auf seinen Sitz aufgedrückt, es schließt sich, während anderseits das oben im Pumpenraume befindliche Ventil D (hier Druckventil genannt) geöffnet wird, usw.

Man erkennt also, daß, wie schon früher erwähnt, die „selbsttätige" Bewegung des Ventiles stets eine Folge des Flüssigkeitsdruckes ist, der allerdings beim Schließen des Ventiles unterstützt wird einmal durch das Gewicht des Ventiles selber, dann aber auch (sehr häufig wenigstens) durch eine Feder, die außerhalb des Ventiles angebracht ist und das Bestreben hat, das gehobene Ventil auf seinen Sitz niederzudrücken.

Erwägt man an Hand dieser Betrachtungen die Bedingungen, welche ein solches selbsttätiges Ventil zu erfüllen hat, so ergibt sich etwa folgendes:

1. Das Ventil muß sich rasch und genügend hoch von seinem Sitze erheben. Beides ist notwendig, um die schon oben (S. 95) angeführte Bedingung zu erfüllen, daß die Geschwindigkeit der das geöffnete Ventil durchströmenden Flüssigkeit nicht zu groß wird.

2. Das Ventil muß sich aber auch rasch wieder schließen. Geschieht das nämlich nicht, so tritt, wenn wir uns noch einmal die eben besprochene Bewegung des Saugventiles einer Pumpe vergegenwärtigen, folgendes ein: Zunächst würde, wenn der Kolben wieder nach links umkehrt, ein Teil der eben in die Pumpe eingesaugten Flüssigkeit durch das noch offene Ventil wieder zurückströmen, die zum Heben dieser Flüssigkeitsmenge verwendete Arbeit[1]) würde also vergebens aufgewendet sein. Ferner würde, wenn sich bei der Umkehr des Kolbens das Ventil nicht rasch genug schließt, eine rücklaufende Bewegung der ganzen Wassersäule eintreten; sie würde dadurch eine gewisse lebendige Kraft erhalten, und diese lebendige Kraft würde dann durch einen verspäteten Schluß des Ventiles plötzlich vernichtet werden. Die Folge wäre ein heftiger Stoß in der Pumpe, der von verderblicher Wirkung sein müßte, wenn die in Bewegung gekommene Wassersäule groß wäre, ein Fall, der namentlich beim Druckventil leicht eintreten könnte.

---

1) Siehe d. Verf. „Hebezeuge" (ANuG Bd. 196).

VI. Ventile

Die Bedingung (1.) würde nun offenbar erfüllt werden durch ein möglichst leichtes Ventil, welches sich recht hoch von seinem Sitze erheben würde. Abgesehen aber davon, daß man aus Gründen der Festigkeit das Ventil nicht zu leicht machen darf — hat es doch den gesamten Druck der darüber lastenden Wassersäule zu tragen —, widerstrebt dem auch die wünschenswerte Erfüllung der Bedingung (2.). Dieser Bedingung würde nämlich wieder gerade ein recht schweres, womöglich noch mit einer starken Feder belastetes Ventil entsprechen, das sich möglichst wenig von seinem Sitze erhebt, damit es bei Umkehrung des Kolbens möglichst rasch wieder auf seinem Sitze anlangt. Es bleibt also nichts anderes übrig, als den Versuch zu machen, sich beiden Bedingungen möglichst zu nähern. Die folgenden Betrachtungen und Abbildungen werden einige Wege erkennen lassen, auf welchen dies erreicht wird.

Das einfache Ventil. Man unterscheidet Kegelventile, wenn der Ventilsitz kegelförmig ausgebildet ist (Abb. 165 u. 166), Tellerventile, wenn die abdichtende Fläche eben ist (Abb. 168), und Kugelventile bei kugelförmigem Ventilsitz (Abb. 167). Um eine möglichst gute Führung der Kegel- und Tellerventile zu erreichen, besitzen sie unterhalb des Ventilkörpers Rippen oder Flügel, ähnlich wie das auf S. 96 erwähnte Absperrventil, außerdem aber auch noch eine obere Führung dadurch, daß ein auf dem Ventilkörper befindlicher Stift sich in einem röhrenförmigen Ansatz des Ventilgehäusedeckels bewegt. Dieser röhrenförmige Ansatz dient mit seiner Unterkante gleichzeitig als Hubbegrenzung des Ventiles, das sich demgemäß nur um die Höhe h von seinem Sitze erheben kann.

Das Kugelventil (Abb. 167) findet nur für untergeordnete Zwecke und kleine Flüssigkeitsmengen Verwendung. Erstens wegen der Schwierigkeit der Herstellung (der Ventilsitz muß stets genau zu der Kugel passen), dann aber auch deshalb, weil die Kugel für größere Abmessungen zu unhandlich und zu schwer wird, da bekanntlich das Gewicht einer Kugel mit der dritten Potenz ihres Durchmessers wächst. Eine Kugel von doppeltem Durchmesser hat also das achtfache Gewicht.

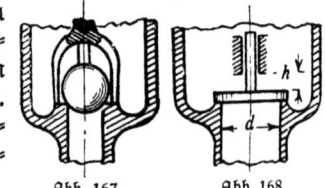

Abb. 167.   Abb. 168.

Einfaches Ventil

Daß ein solch einfaches, im wesentlichen aus einer Scheibe bestehendes Ventil nur eine beschränkte Anwendungsmöglichkeit bietet, nämlich nur für kleine Flüssigkeitsmengen, ergibt sich aus folgender einfachen Berechnung. Der Durchmesser des Zuströmrohres in Abb. 168 sei d, und ebensogroß sei angenähert auch der Durchmesser der Ventilscheibe (eigentlich muß sie ein klein wenig größer sein, da sie ja das Rohr abschließen soll); h sei die Hubhöhe des Ventiles. Aus der auf S. 95 angeführten Bedingung, daß die Geschwindigkeit der Flüssigkeit sich beim Durchströmen des Ventiles nicht ändern soll, folgt, daß der Querschnitt des Rohres $\left(f = \dfrac{d^2 \pi}{4}\right)$ gleich sein muß dem Durchtrittsquerschnitt bei gehobenem Ventil. Dieser Durchtrittsquerschnitt ist aber: Umfang der Scheibe ($u = d \cdot \pi$) mal Hubhöhe (h).

Also wegen $f = u \cdot h$, oder (wenn man für f und u ihren Wert einsetzt) wegen
$$\dfrac{d^2 \pi}{4} = d \cdot \pi \cdot h,$$
folgt $h = \dfrac{d}{4}$, in Worten: die Hubhöhe eines solchen Ventiles muß ungefähr gleich sein dem vierten Teile seines Durchmessers. Werden nun die Flüssigkeitsmengen, die sekundlich durch ein solches Ventil hindurchtreten sollen, groß, so wird die Anwendung eines solchen einfachen Ventiles unmöglich, einmal deswegen, weil die unterhalb des Ventiles ankommenden Flüssigkeitsteilchen sämtlich nach dem Rande des Tellers umbiegen, also eine sehr starke Richtungsänderung erfahren müßten, dann aber auch deshalb, weil die Hubhöhe eines solchen Ventiles viel zu groß würde, was die auf S. 97 bei Bedingung (2.) erwähnten Übelstände zur Folge hätte.

Wie diese Übelstände beseitigt werden können, ergibt sich, wenn man noch einmal auf die oben abgeleitete Bedingung zurückkommt,
$$\text{daß } f = u \cdot h \text{ sein soll.}$$
Man erkennt sofort, daß die Hubhöhe h um so kleiner werden kann, je größer u gemacht wird, d. h. je größer der Umfang wird, an welchem die Flüssigkeit durch das geöffnete Ventil hindurchtritt. Es liegt also die Aufgabe vor, bei einem gegebenen Querschnitt des Zuführungsrohres den Umfang u, an dem die Flüssigkeit austreten kann, nach Möglichkeit zu vergrößern, und diese Aufgabe läßt sich lösen:
1. durch mehrfache Ventile,
2. durch mehrsitzige Ventile, zu denen die sogenannten Ringventile und die Stufen- (oder Etagen-) Ventile gehören.

VI. Ventile

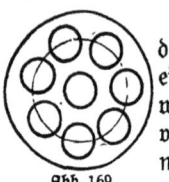

Abb. 169.

Mehrfache Ventile. Stellt der große Kreis mit dem Durchmesser D (Abb. 169) den Umfang eines einfachen Tellerventiles dar, so zeigt die Abbildung, wie durch Anbringung vieler, z. B. acht kleiner Tellerventile vom Durchmesser d innerhalb desselben Raumes der Umfang wesentlich erhöht, die Hubhöhe also verkleinert werden kann. Für $D = 4 \cdot d$ ergibt sich z. B. sofort $4 \cdot d\pi = D \cdot \pi$ oder $8(d\pi) = 2(D\pi)$. Schon bei acht kleineren Ventilen, die in dem Kreise vom Durchmesser D sitzen, ist der Gesamtumfang, an dem die Flüssigkeit austreten kann, doppelt so groß wie bei einem gewöhnlichen Tellerventile vom Durchmesser D, und damit würde die Hubhöhe sofort auf die Hälfte verkleinert werden können.

Mehrsitzige Ventile. Ein Beispiel für ein mehrsitziges Ventil zeigt Abb. 170. Die kleinen Pfeile in der Abbildung zeigen, wie die Flüssigkeit hier in zwei Kreisen austritt: in einem unteren und in einem oberen Kreise. Der doppelt gestrichelte Teil V ist der bewegliche Ventilkörper; die Abdichtung zwischen Ventilkörper V und Ventilsitz S geschieht hier durch zwei (völlig schwarz gezeichnete) Holzringe (s. d. Abb.), welche in den Ventilsitz eingelassen sind. Ein weiteres mehrsitziges Ventil, das allerdings kein selbsttätiges Ventil ist, zeigt Abb. 174 auf S. 102.

Befinden sich die verschiedenen Sitze in einer Ebene, so nennt man die Ventile **Ringventile**. Abb. 171 zeigt ein Ventil mit einem Ringe, also mit zwei Durchtritts-Kreisumfängen. Abb. 172 ein Ventil mit

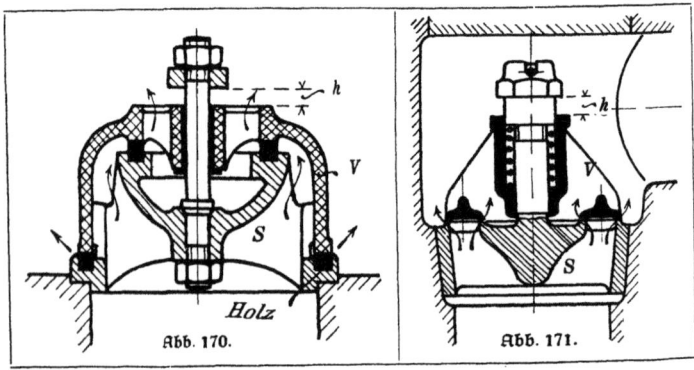

Abb. 170. Abb. 171.

Mehrfache und mehrsitzige Ventile

5 Ringen, also mit 10 Kreisumfängen, an denen die Flüssigkeit hindurchströmen kann.

Ein **Stufen- oder Etagenventil** zeigt Abb. 173. Es besteht aus drei Ringen V, welche mit abnehmendem Durchmesser in drei Stufen übereinander gelagert sind. Der Sitz für den jeweilig oberen Ring bildet gleichzeitig die Begrenzung des Hubes h für den darunter liegenden Ventilring. Die Flüssigkeit kann hier also an sechs verschiedenen Kreisumfängen gleichzeitig hindurchtreten, nämlich jeweilig an dem inneren und an dem äußeren Umfange der drei Ventilringe.

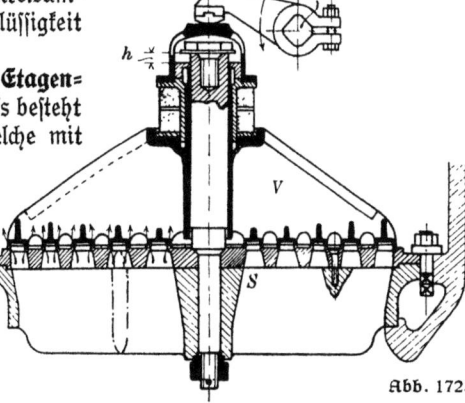

Abb. 172.

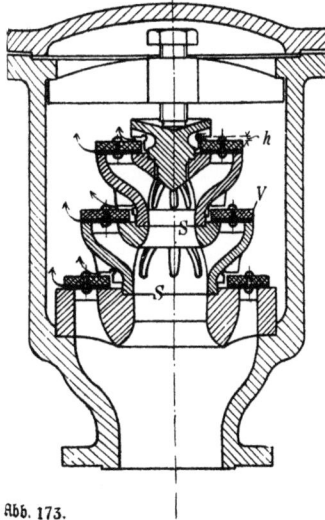

Abb. 173.

C. Gesteuerte Ventile

finden ihre Hauptanwendung bei Kraftmaschinen (Dampf- oder Gasmaschinen). Die Form eines solchen Ventiles zeigt Abb. 174. Die Bewegung dieser Ventile durch die Maschine selbst geschieht meist mit Hilfe recht verwickelter Hebelanordnungen, auf die hier nicht näher eingegangen werden kann.[1]) Der Form nach heißen solche Ventile auch wohl Glockenventile. Sie haben die Eigentümlichkeit, daß sie in geschlossenem Zustande der auf ihnen lastenden Flüssigkeit (z. B. dem Dampf) nur eine kleine Druck-

---

1) Siehe d. Verf. „Dampfmaschine II" (ANuG Bd. 493), Kapitel Ventilsteuerungen.

VI. Ventile

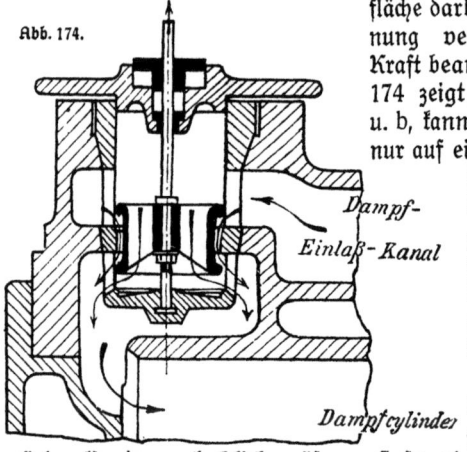

Abb. 174.

fläche darbieten, so daß ihre Öffnung verhältnismäßig wenig Kraft beansprucht. Wie die Abb. 174 zeigt, vgl. auch Abb. 175a u. b, kann der Dampf tatsächlich nur auf eine ganz schmale Ringfläche drücken, weil sich die Drücke auf die übrigen Teile der Wandung gegenseitig aufheben. Bei dem Tellerventil von gleichem äußeren Durchmesser (Abb.175c) dagegen wirkt der Dampf drückend auf die ganze obere Kreisfläche, würde also einen erheblich größeren Aufwand an Kraft nötig machen. Um den auf S. 97 angeführten Übelstand zu verringern, daß Pumpenventile mit verhältnismäßig großen Hüben (namentlich bei Pumpen mit hohen Umdrehzahlen) nicht schnell genug schließen, führte Riedler Ventile aus, deren Schluß durch einen in geeigneter Weise angeordneten und von der Maschine selbst bewegten Hebel erzwungen wurde. Abb. 172 auf S.101 zeigt z. B. ein solches Ventil. Während der Öffnungsbewegung ist der um den Punkt P drehende Hebel von dem Ventil abgehoben, so daß das Ventil in dieser Zeit als selbsttätiges Ventil wirkt. Während der Schlußbewegung dagegen legt sich der Hebel oben auf das Ventil und drückt es rasch gegen seinen Sitz. Ventile dieser Art, die man als Ventile mit gesteuerter Schlußbewegung bezeichnet und die eine Zeitlang ziemlich verbreitet waren, werden heute kaum mehr ausgeführt, da sich gezeigt hat, daß eine zweckmäßige Ventilbewegung sich auch ohne eine solche verwickelte, kraftbeanspruchende Steuerung erreichen läßt.

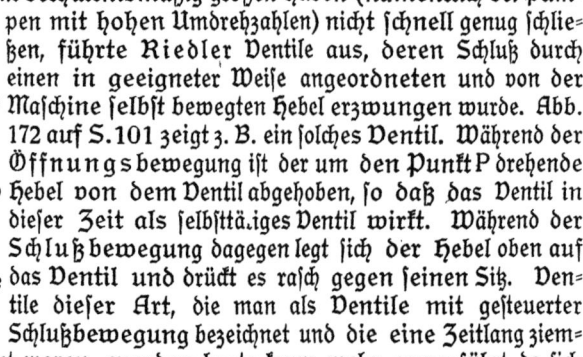

Abb. 175.

3. Klappenventile.

Das Beispiel eines Klappenventiles zeigt Abb. 176. Es besteht einfach aus einer an ihrem linken Ende mit Schrauben befestigten (in der

Klappenventile. Schieber 103

Abbildung schwarz angedeuteten) Leder=
klappe, welche auf ihrer oberen und un=
teren Seite mit Eisenplatten armiert ist.
Die Klappenventile haben den Vorzug
großer Einfachheit, finden aber im allge=
meinen eine beschränkte Anwendung, da
sich (namentlich für größere Leistungen)
ein entsprechend großer Durchtrittsquer=
schnitt schlecht erreichen läßt.

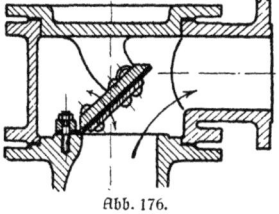

Abb. 176.

4. Schieber.

Unter Schiebern verstanden wir (S. 94) solche Ventile, welche sich
auf ihrem Sitze verschieben. Ist diese Verschiebung eine geradlinige,
so nennt man derartige Ventile Normalschieber oder auch wohl kurz
Schieber allgemein. Geschieht dagegen das Verschieben auf dem Sitze
dadurch, daß sich das Ventil dabei um eine Achse dreht, so spricht man
von Drehschiebern oder Hähnen.

Normalschieber. Eine ausgedehnte Anwendung finden Schieber
als Steuerorgane für Dampfmaschinen. Ihre Behandlung gehört in
Werke über Dampfmaschinen.[1]) Als sonstige Vor=
richtungen zum Abschlusse von Flüssigkeiten wer=
den Schieber in Rohrleitungen namentlich dann
verwendet, wenn es sich um größere Durchmesser
handelt, also zum Abschließen größerer Dampf=
leitungen, Wasserleitungen, Luftleitungen usw.
Abb. 177 zeigt den Querschnitt durch einen sol=
chen Schieber V, der entsprechend dem
Durchtrittsquerschnitt des abzuschlie=
ßenden Rohres die Gestalt einer
flachen, kreisförmigen Scheibe hat,
deren beide Seitenflächen, wie der
hier sichtbare Schnitt zeigt, sich nach
unten zu etwas nähern. Durch Dre=
hen an einem auf die Schrauben=
spindel aufgesteckten Handrade oder

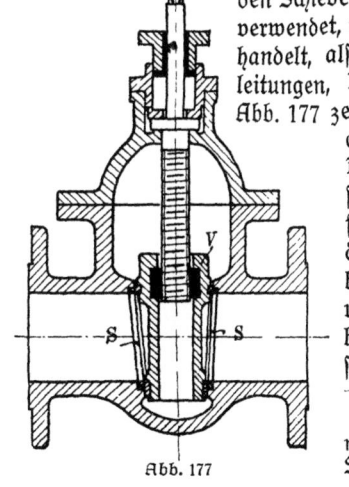

Abb. 177

1) Vgl. z. B. Vater, Die Dampf=
maschine II (ANuG Bd. 493), Kapitel
Schiebersteuerungen u. f.

VI. Ventile

Schlüssel wird sich der Schieber in den oberen Teil des Gehäuses hineinschrauben und so die Rohröffnung freigeben. Durch entgegengesetztes Drehen der Schraube sinkt der Schieber und preßt sich gegen die schrägliegenden als Ventilsitze dienenden Ringe S, S.

Drehschieber. Auch Drehschieber finden vielfach Anwendung als Steuerorgane für Dampfmaschinen.[1]) Abb. 178 zeigt einen solchen. Die nach rechts und links abgehenden Kanäle führen bei entsprechender Drehung des (in der Abbildung schwarz gezeichneten) Schiebers den Dampf nach der einen oder anderen Seite des im Zylinder befindlichen Kolbens.

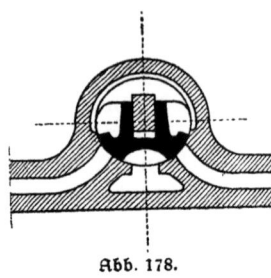

Abb. 178.

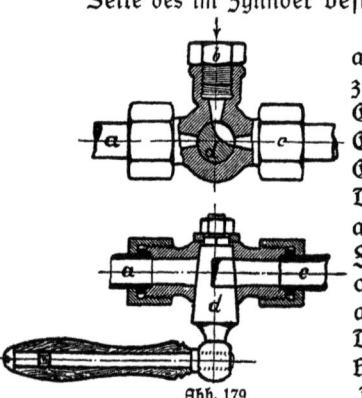

Abb. 179.

Hähne. Zu den Drehschiebern gehören auch die bekannten Hähne, wie sie zum zeitweiligen Absperren von Flüssigkeiten, Gasen und Dämpfen verwendet werden. Eine besondere, nicht selten angewandte Gattung solcher Hähne sind die sogenannten Dreiwegehähne, die es gestatten, einen aus einer bestimmten Richtung kommenden Flüssigkeitsstrom je nach Bedarf abzusperren oder nach der einen oder anderen Richtung abzulenken. Abb. 179 zeigt einen solchen Dreiwegehahn in einer Ausführung von H. Maihak, Hamburg. Der von b kommende Dampf kann je nach Stellung des Hahnes entweder abgesperrt werden oder aber nach dem Rohre c (wie in der Abbildung gezeichnet) oder nach a weiter geleitet werden.

5. Ventile zu besonderen Zwecken.

Sicherheitsventile. Abb. 180 stellt das Sicherheitsventil für einen Dampfkessel dar. Der Ventilkörper V wird gegen den Ventilsitz S durch einen kurzen, spitz zulaufenden Zapfen gedrückt, der mit seinem anderen Ende in einem größeren Hebel H befestigt ist. Dieser Hebel

---

1) Dgl. z. B. Dater, Die Dampfmaschine II (ANuG Bd. 493), Kapitel Schiebersteuerungen u. f.

Sicherheitsventile. Druckminderungsventile

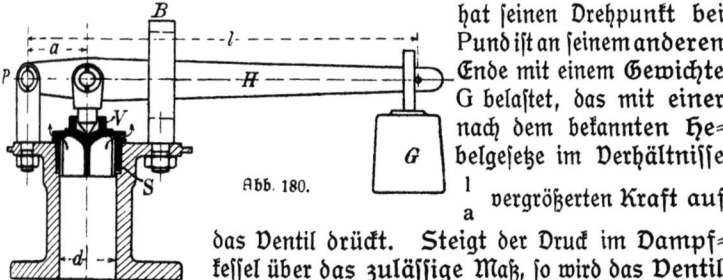

Abb. 180.

hat seinen Drehpunkt bei P und ist an seinem anderen Ende mit einem Gewichte G belastet, das mit einer nach dem bekannten Hebelgesetze im Verhältnisse $\frac{l}{a}$ vergrößerten Kraft auf das Ventil drückt. Steigt der Druck im Dampfkessel über das zulässige Maß, so wird das Ventil von seinem Sitze abgehoben, wodurch ein Teil des Dampfes aus dem Kessel entweichen kann. Der Bügel B dient zur Führung des Hebels. Die für einen bestimmten Dampfdruck nötige Größe des Gewichtes G ergibt sich leicht aus folgender Beziehung: Hat die untere Fläche des Ventiles eine Größe von f qcm Fläche und beträgt der höchste zulässige Dampfdruck im Kessel p kg/qcm (d. h. drückt der Dampf auf jeden qcm Fläche mit einem Drucke von p kg), so ist der von unten auf das Ventil ausgeübte Druck p·f kg. Anderseits wird auf die obere Fläche des Ventiles, wie oben erwähnt, ein Druck von $\frac{l}{a} \cdot G$ kg ausgeübt. Es muß also sein $p \cdot f = \frac{l}{a} \cdot G$, woraus folgt $G = \frac{p \cdot f \cdot a}{l}$ kg.

Ist z. B. d = 10 cm, so ist f = $\frac{d^2 \pi}{4}$ = 78,5 qcm. Beträgt der höchste zulässige Dampfdruck 5 kg/qcm, so ist für a = 15 cm, l = 100 cm,

$$G = \frac{5 \cdot 78,5 \cdot 15}{10} = 59 \text{ kg}.$$

Druckminderungsventile. Bisweilen kommt der Fall vor, daß von einer Dampfleitung, welche hochgespannten Dampf führt, an irgendeiner Stelle eine Dampfleitung abgezweigt werden muß, welche Dampf von wesentlich niedrigerer Spannung führen soll. Zu solchen Zwecken bedient man sich sogenannter Druckverminderungs- oder Reduzierventile, das sind Ventile, welche selbsttätig den Zugang zu der abgezweigten Rohrleitung immer nur so stark versperren, daß der an dieser Stelle sich mühsam hindurchzwängende und dadurch einen Teil seiner Spannung verlierende Dampf gerade mit der gewünschten Spannung in die abgezweigte Rohrleitung gelangt. Man sagt, der Dampf wird gedrosselt[1], seine Spannung wird erniedrigt oder „re=

---

1) Siehe d. Verf. Technische Wärmelehre (ANuG Bd. 516).

VI. Ventile

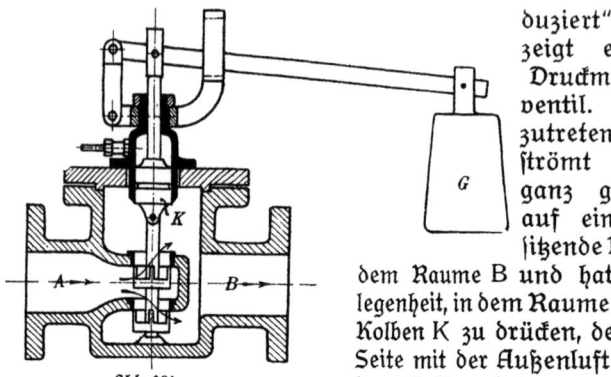
Abb. 181.

duziert". Abb. 181 zeigt ein solches Druckminderungsventil. Der bei A zutretende Dampf strömt durch zwei ganz gleich große auf einer Spindel sitzende Ventile nach dem Raume B und hat dabei Gelegenheit, in dem Raume B auf einen Kolben K zu drücken, dessen andere Seite mit der Außenluft in Verbindung steht, und der von obenher in ähnlicher Weise wie das Sicherheitsventil Abb. 180 durch ein an einem Hebelarme wirkendes Gewicht belastet ist. Je leichter das Gewicht ist, um so mehr drückt der Dampf den Kolben K in den oberen Zylinder hinein, um so mehr wird also die Durchtrittsöffnung für den Dampf durch die beiden Ventile versperrt, d. h. um so geringer ist die Spannung, welche in dem Raume B und der sich daranschließenden Rohrleitung herrscht. Man sieht, daß man es in der Hand hat, durch beliebige Verkleinerung von G die Dampfspannung im Raume B ebenfalls beliebig zu verkleinern. Eine Erhöhung der Dampfspannung im Raume B über die Höhe der Dampfspannung im Raume A hinaus ist selbstverständlich unmöglich.

Da der von A kommende Dampf auf die untere Fläche des oberen Ventiles mit derselben Kraft drückt wie auf die obere Fläche des völlig gleich großen unteren Ventiles, übt er auf die durch die Spindel verbundenen Ventile selber keinerlei Druck aus, und man nennt deshalb derartige Ventile **entlastete Ventile**.

Drosselventile. Soll zeitweise die Spannung einer Flüssigkeit (Dampf, Wasser, Luft u. dgl.) in einer Rohrleitung um einen bestimmten Betrag rasch vermindert werden, so bedient man sich eines sogenannten Drosselventiles, wie es die Abb. 182 in einem Längs- und Querschnitt darstellt. Wie man aus dem rechten Teile der Abbildung sieht, besteht das Ventil aus einer kreisförmigen Platte, welche um einen Zapfen a drehbar ist. Da die Flüssigkeit auf die beiden (in dem linken Teil der Abbildung obere und untere) Hälften der

Drosselventile. Rohrbruchventile 107

Platte mit gleicher Kraft drückt, ist die Platte in jeder Stellung im Gleichgewicht, hat also weder das Bestreben sich zu öffnen noch sich zu schließen.

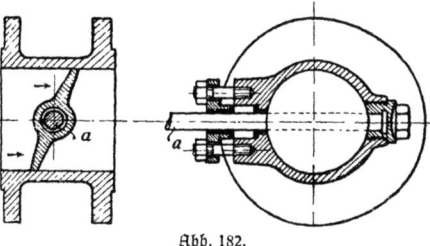
Abb. 182.

Rohrbruchventile. Welch schreckliche Folgen der Bruch einer im Betriebe befindlichen Dampfleitung haben kann, dürfte allgemein bekannt sein. Man hat daher versucht, diese Folgen dadurch zu beseitigen, daß man in unmittelbarer Nähe des Dampfkessels ein Ventil in die Rohrleitung einschaltet, welches sich bei einem in der Rohrleitung eintretenden Bruche sofort schließt und so dem Dampfe den Austritt versperrt. Abb. 183 zeigt ein solches „Rohrbruchventil" der Firma Hübner und Mayer in Wien. Der obere Teil des Ventiles ist ein gewöhnliches Absperrventil (vgl. Abb. 166 auf S. 96), das durch Drehen an dem obenbefindlichen Handrade H niedergeschraubt werden kann und so den von A kommenden Dampf absperrt. In dem unteren Teile des Ventilgehäuses befindet sich in Form eines Doppelkegels ein Ventil V, das, durch eine Stange geführt, gewöhnlich auf einer Unterlage aufliegt, wie es die Abbildung erkennen läßt. Der aus dem Kessel (von A) kommende Dampf umspült bei gewöhnlichem Betriebe das Ventil V, ohne eine besondere Wirkung darauf auszuüben. Sowie aber in der an B anschließenden Rohrleitung ein Bruch entsteht, hat der Dampf plötzlich das Bestreben, mit einer ungeheuren Geschwindigkeit durch das Ventilgehäuse hindurchzuströmen. Die Folge dieser ungeheuren Geschwindigkeit ist die, daß das Ventil V von dem strömenden Dampfe mitgerissen wird, es fliegt in die Höhe und schließt mit seiner oberen Kegelfläche die Durchtrittsöffnung ab. Da ein solcher Bruch natürlich nur einen ganz seltenen Ausnahmefall bilden darf, liegt die Gefahr vor, daß sich das Ventil im Laufe der Zeit infolge

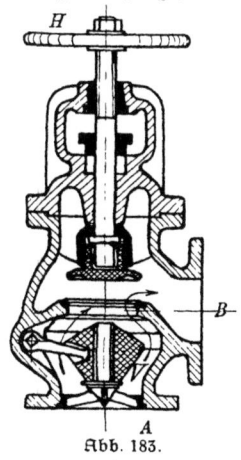
Abb. 183.

der in dem Dampfe enthaltenen Unreinigkeit auf der Führungsstange festsetzt und so im Falle der Gefahr seinen Dienst versagt. Um dies zu verhüten, dazu dient der kleine Hebel, der links in das Dentil V hereinragt und durch ein außerhalb des Gehäuses liegendes Handrädchen gedreht werden kann. Der Kesselwärter hat nun die Aufgabe, täglich mindestens einmal vermittelst dieses kleinen Hebels das Dentil V etwas anzuheben und auf diese Weise festzustellen, ob das Dentil sich auch noch leicht auf der Führungsstange bewegt.

Sachregister.

Abdichtung bei Rohren 87
Absperrventile 96, 107
Achsen 24
Anzug bei Keilen 8, 9, 11
Arbeitsleisten 87
Aufschrumpfen 83
Ausdehnungsvorrichtungen 93
Ausrücken von Riemen 62
Ausrückkuppelungen 30
Außenräder 42

Bajonettrahmen 80
Ballige Riemenscheiben 59
Baulänge 88
Baumwollenseile 67
Befestigungsschraube 16
Befestigung von Rädern auf Wellen 9
Berechnung von Riemen 58
Bergische Stahlindustrie 53
Berlin-Anhalt.Masch.B.A.-G. 27, 30
Bewegliche Kuppelungen 28
Bewegungsgesetze bei Rädern 43
Bewegungsschrauben 16
Bleirohre 92
Bocklager 34
Bohrrohre 91
Breite von Zähnen 48
Brille bei Stopfbüchsen 77

Dampfmaschinenskizze 72
Deutsche Kugellagerfabrik 37
Dicke von Riemen 56
Dohmen-Leblanc 30
Döring 51
Doppelkegelkuppelung 28
Doppelmuffe 87
Doppelte Pfeilräder 53
Drahtseiltrieb 66
Drehmoment bei Wellen 24
Drehrichtung bei Rädern 41
Drehschieber 104
Dreiwegehahn 104
Drosselventile 106
Druckminderungsventil 105
Druckventil 97

Ehrhardt 91
Eingängiges Gewinde 17, 54
Eisenwerk Wülfel 32
Elastische Kuppelung 29
Elmore-Verfahren 92
Entlastete Ventile 106

Epizykloiden 49
Etagenventile 101
Evolventen 49
Exzenter 85

Federbelastete Ventile 97
Feder und Nut 10
Feste Kuppelungen 27
Festscheiben 62
Flachgängige Schrauben 16
Flachkeile 9
Flanken bei Zähnen 48
Flanschen 86, 90, 92
Flanschenrohre 86

Gabelrahmen 80
Ganghöhe bei Schrauben 16
Gasrohre 90
Gegengewicht bei Kurbeln 84
Gegenkurbel 85
Gegenmutter 20
Gekreuzter Riementrieb 42, 60, 64
Gekröpfte Wellen 26, 83
Genietete Rohre 89
Geradführungen 79
Geschlossene Schubstangen-köpfe 82
Geschränkter Riementrieb 42, 60
Geschweißte Rohre 89
Gesteuerte Ventile 96, 101
Getriebene Scheiben 55
Gewinde, eingängiges 17
Gewindeform 18
Gewinde, linksgängiges 17
—, mehrgängiges 17
—, rechtsgängiges 17
Gewindequerschnitt 16
Gewindesteigung 19
Gewölbte Riemenscheiben 59
Gleitlager 32

Hähne 104
Halszapfen 23
Handnietung 13
Hanfseile 67
Hängelager 34
Haniel und Lueg 80, 83
Hebezeug mittels Schraube 16
Heizungsrohre 89
Hohle Achsen und Wellen 24
Howaldtpackung 78
Hubhöhe von Ventilen 99
Hubventile 96

Hübner und Mayer 107
Hyperbelräder 42
Hypozykloiden 49

Innenräder 42
Isolationskuppelungen 29

Kammlager 32
Kammzapfen 23
Kegelräder 42
Kegelventil 98
Keil 7, 36
Kerndurchmesser 19
Klappenventile 94, 102
Klauenkuppelung 28
Klemmkuppelung 28
Kolben 73, 75
Kolbenringe 74
Kolbenstangen 76
Köpfe von Schubstangen 82
Krallen beim Riementrieb 56
Kraftübertragungen 53
Kraftwagenantrieb 46
Kreuzgelenkkuppelung 29
Kreuzkopf 80
Kreuzkopfzapfen 82
Kröpfung 84
Kugelgelenke bei Rohrleitungen 94
Kugellager 36
Kugelventile 98
Kugelzapfen 23
Kupferrohre 92
Kuppelungen 27
Kurbel 83
Kurbelgetriebe 72 f.
Kurbelkröpfung 84
Kurbelschleife 85
Kurbelzapfen 83

Labyrinthdichtung 78
Lager 31
Lagerdeckel 32
Lagerschalen 32, 83
Lagerschmierung 39
Längsfeile 9
Laschen 13
Leimen von Riemen 56
Liderung 74, 77
Litzen 66
Lösbare Verbindungen 7
Losscheiben 62
Lücken bei Zahnrädern 47

Malhak 104
Mannesmann 91

110 Sachregister

Manschettendichtung 75
Maschinennietung 13
Mehrfache Ventile 100
Mehrgängiges Gewinde 17
Mehrsitzige Ventile 100
Messingrohre 92
Metalliderung 78
Muffenrohre 87
Mutterschraube 17

Nähen von Riemen 56
Nahtlose Rohre 91
Niete 11
Nietmaschinen 13
Nietnaht, Verstemmen der 15
Nietschaft 11
Nietung, Maschinen- 13
Nietverbindungen 12
Niles-Werkzeugmaschinen-Fabrik 14
Norma-Compagnie, Cannstadt-Stuttgart 39
Normalien für Rohre 88
Normalschieber 103
Nut 10

Oberbilker Stahlwerk 26
Offener Riementrieb 42, 64
Offene Schubstangenköpfe 82

Packung bei Stopfbüchsen 77
Pfeilräder 51
Pleuelstangen 82
Polysius 32, 64, 70
Preßlufthämmer 15
Preßluftnietmaschinen 14

Querteile 9
Querschnittsveränderungen bei Ventilen 95
Querschnitt von Gewinden 19

Räder 41
Rahmen von Maschinen 80
Reduzierventile 106
Reibungsräder 41, 45
Riedlerventile 102
Riemen 55 ff.
Riemenabmessungen 56
Riemenausrücker 63
Riemengeschwindigkeit 59
Rillen bei Reibungsrädern 45
Rillen bei Seilscheiben 66
Ringschmierung 40

Ringventile 100
Rippen bei Ventilen 98
Rohrbruchventile 107
Rohre 86 ff.
Rohrleitung 88, 93
Rollenlager 39

Saugventil 96
Scharfgängige Schrauben 16
Scheibenkolben 74
Scheibenkuppelung 27
Schieber 94, 103
Schließkopf 11
Schlüsselweite 19
Schmierung von Lagern 39
Schnecke 53
Schrauben 15 ff.
Schraubengewinde 16
Schraubenhebezeug 16
Schraubenlinie 15
Schraubenmutter 16
Schraubenrad 53
Schraubensicherung 20
Schraubensysteme 18
Schraube ohne Ende 53
Schrumpfen 83
Schubstangen 82
Seilscheiben 66
Selbsttätige Ventile 96
Sellerslager 35
Setztopf 11
Sicherheitsventile 104
Sicherung bei Schrauben 20
Sohlplatte 32
Spannrolle 61
Spannschloß 18
Spiralgeschweißte Rohre 90
Splintsicherung 21
Spurlager 32
Spurzapfen 22
Stärke der Zähne 48
Stehlager 36
Steigung der Gewinde 19
Steigungswinkel von Schrauben 16
Stirnräder 41
Stirnzapfen 23
Stolzenberg u. Co. 42
Stopfbüchse 77, 94
Stufenscheiben 64
Stufenventile 101
Stumpfgeschweißte Rohre 89
Stützlager 32
Stützzapfen 22
Systeme, Schrauben- 18

Tauchkolben 74, 75
Teilkreise 47
Teilung der Zahnräder 47
Tellerventile 98
Traglager 32
Tragzapfen 22
Transmissionswellen 26
Treibende Scheiben 55
Treibstangen 82
Triebwerkswellen 26, 35, 36
Trum 55

Überlapptgeschweißte Rohre 89
Überlappungsnietung 12
Überschiebmuffen 87
Übersetzungsverhältnis 44
Umfangsgeschwindigkeit 43, 53, 70
Umschlingungswinkel 61
Unlösbare Verbindungen 7
Unmittelbar sich berührende Räder 45

Ventil 94 ff.
Ventilbewegung 97
Verbindende Maschinenteile 6
Verstemmen von Nietnähten 15
Verzahnungsgesetz 47

Wandlager 34
Wellen 24
Wellenkröpfung 26
Wendegetriebe 64
Whitworth-Gewinde 19
Wolff, Akt.-Ges. für Seilindustrie, vormals — 67
Wülfel, Eisenwerk 32

Zahnbreite 48
Zahnflanken 48
Zahnräder 41, 46 ff.
Zahnstangen 50
Zahnstärke 48
Zapfen 21
Zentrallinie 47
Zickzacknietung 13
Zweigängige Schrauben 17, 54
Zwischengeschaltete Räder 43
Zylinder 72
Zylindrische Räder 41
Zykloiden 49

Vom Verfasser des vorliegenden Bändchens sind ferner in derselben Sammlung (jedes Bändchen kart. M. 6.80, geb. M. 8.80) erschienen:

Die neueren Wärmekraftmaschinen
I. Einführung in die Theorie und den Bau der Gasmaschinen.
5. Auflage. Mit 42 Abbildungen. (Bd. 21.)

Nach kurzer Erläuterung der für das Verständnis des Wesens der Maschinen nötigen Fachausdrücke u. Hauptgesetze werden die verschiedenen Betriebsmittel, wie Leuchtgas, Kraftgas usw., die Viertakt- und Zweitaktwirkung, das Wichtigste über die Bauarten der Gas-, Benzin-, Benzol-, Petroleum- und Spiritusmaschinen sowie der Wärmemotor Patent Diesel dargestellt.

II. Gaserzeuger, Großgasmaschinen, Dampf- und Gasturbinen. 4. Auflage. Mit 43 Abbildungen. (Bd. 86.)

Behandelt an Hand zahlreicher Abbildungen Gestaltung und Bau der Dampfmaschine sowie ihrer einzelnen Teile und gibt eine Übersicht über die vielseitige Verwendung der Kolbendampfmaschine.

Die Dampfmaschine
I. Wirkungsweise des Dampfes im Kessel und in der Maschine.
5. Auflage herausgegeben von Privatdozent Dr. Fr. Schmidt. Mit 38 Abbildungen. (Bd. 393.)

Das in 5. Auflage vorliegende Bändchen behandelt, ausgehend von den für das Verständnis wichtigen Sätzen der Mechanik und Wärmelehre, die inneren Vorgänge im Dampfkessel und in der Dampfmaschine und leitet daraus die für ihre Gestaltung maßgebenden Grundsätze ab. Auf Anschaulichkeit der Darstellung wie auch der schematischen Zeichnungen ist besonders Wert gelegt, so daß das Bändchen als Einführung in die Dampfmaschinenlehre für Studierende, ebenso aber auch für Besitzer und Betriebsleiter von Dampfmaschinen besonders geeignet sein dürfte.

II. Ihre Gestaltung und Verwendung. 3. Auflage bearbeitet von Privatdozent Dr. Fr. Schmidt. Mit 94 Abbildungen. (Bd. 394.)

„Die klare und übersichtliche Darstellung, die vortrefflichen und auch für den Laien verständlichen Figuren, die das Wert auszeichnen, werden auch die‛m Bande weite Verbreitung verschaffen. Besonders zu begrüßen ist, daß die praktische Seite der Wirkungsweise der Dampfmaschine ausgebaut worden ist. Der Band kann weiten Kreisen warm empfohlen werden." (Deutsche Bergwerks-Zeitung.)

Hebezeuge
Das Heben fester, flüssiger und gasförmiger Körper.
2. Auflage. Mit 67 Abbildungen im Text. (Bd. 196.)

An der Hand schematischer Zeichnungen wird der Bau und die Wirkungsweise der zum Heben und Fördern von festen, flüssigen und gasförmigen Körpern in der Praxis am häufigsten angewandten Maschinen und Apparate beschrieben. Auch die Berechnung verschiedener Typen wird durchgeführt.

Einführung in die technische Wärmelehre
(Thermodynamik.)
2. erw. Aufl. bearb. v. Privatdoz. Dr. Fr. Schmidt. Mit 46 Abb. i. T. (Bd. 516.)

Mit großer Klarheit und Anschaulichkeit behandelt der Verfasser in diesem Bändchen unter Beschränkung auf die wichtigsten Regeln und Gesetze, deren praktische Verwendbarkeit grundsätzlich und überall durch Beispiele nachgewiesen wird, die Grundlagen der mechanischen Wärmetheorie.

Praktische Thermodynamik
Aufgaben und Beispiele zur mechanischen Wärmelehre.
Mit 40 Abbildungen im Text u. 3 Tafeln. (Bd. 596.)

In Beispielen und Aufgaben, die der Praxis entnommen sind, zeigt das Bändchen die mannigfache Anwendung der Thermodynamik auf allen Gebieten der Technik. Es schließt sich in seinem Aufbau an ANuG Bd. 516 (Techn. Wärmelehre) des gleichen Verfassers an.

Verlag von B.G.Teubner in Leipzig und Berlin

Die in diesen Anzeigen angegebenen Preise sind die ab 1. Juli 1921 gültigen als freibleibend in betrachtenden Ladenpreise, zu denen die meinem Verlag vorzugsweise führenden Sortimentsbuchhandlungen zu liefern in der Lage und verpflichtet sind, und die ich selbst berechne. Sollten betreffs der Berechnung eines Buches meines Verlages irgendwelche Zweifel bestehen, so erbitte ich direkte Mitteilung an mich.

Maschinenbau. Von Ing. O. Stolzenberg, Direktor der Gewerbeschule u. d. gewerbl. Fach- und Fortbildungsschulen zu Charlottenburg. Band I: **Werkstoffe des Maschinenbaues und ihre Bearbeitung auf warmem Wege.** Mit 255 Abb. Geb. M. 24.—. Band II: **Arbeitsverfahren.** Mit 750 Abb. Geb. M. 45.— Band III: **Methodik der Fachkunde u. Fachrechnen.** Mit ca. 35 Abb.

Das aus langjähriger Erfahrung der Praxis und im Unterricht hervorgegangene Werk behandelt nach dem neuesten Stand des Maschinenbaues in seinem I. Band Die Rohstoffe des Maschinenbaues einschließlich der Ersatzstoffe, soweit sich ihre Verwendung bewährt hat, die Mittel und Wege zu ihrer Prüfung und ihrer Bearbeitung auf warmem Wege. In Band II gelangt die Arbeit des Maschinenbauers in ihren sämtlichen Verfahren, sei es, daß sie mit der Hand oder mit der Maschine ausgeführt werden, zur Darstellung. Der III. Band ist für die Hand des Lehrers an gewerblichen Schulen bestimmt. Er gibt ihm eine bisher noch nicht vorhandene Anleitung, wie der in Band I und II dargebotene Stoff im Unterricht zu behandeln, wie das Anschauungsmaterial zu beschaffen und zu verwerten ist und bietet neben anderen wertvollen Winken zahlreiche Fachrechenaufgaben aus der Werkstattpraxis.

Fachkunde für Maschinenbauerklassen der gewerblichen Fortbildungsschulen. I. Teil: **Rohstoffkunde.** Bearbeitet von Gewerbeschulrat Direktor K. Uhrmann und Ing. F. Schuth. Mit 96 Abb. M. 7.65. II. Teil: **Arbeitskunde.** Bearbeitet von Direktor Ing. O. Stolzenberg. Mit 304 Abb. M. 9.90. III. Teil. **Kraftmaschinen.** Bearbeitet von Gewerbeschulrat Direktor K. Uhrmann und Ing. F. Schuth. Mit 98 Abb. M. 8.10

Die Lehrhefte sollen das zeitraubende Niederschreiben des Vortrages ersparen und zur Wiederholung und Vorbereitung für den Unterricht dienen. Jedes Heft enthält auf ca. 75 Seiten mit zahlreichen Abbildungen den Lehrstoff für die einzelnen Stufen der gewerblichen Fortbildungsschulen in anschaulicher und leichtfaßlicher Form unter Ausschaltung alles Nebensächlichen.

Zeitgemäße Betriebswirtschaft. Von Dr.-Ing. G. Peiseler. I. Teil: Grundlagen. Geh. M. 30.—, geb. M. 34.—

Das Werk entwickelt ein umfassendes System der deutschen Betriebswirtschaft, indem es von dem wirtschaftlichen Aufbau des Einzelunternehmens (technisches Büro, Einkauf, Fertigung, Vertrieb, Selbstkostenberechnung, Preisbildung) ausgehend, alle grundlegenden Fragen, die unsere heutige Wirtschaft beherrschen, (Verteilung des Ertrages, Wirtschaftsfrieden, Produktionssteigerung, Taylorsystem, verbandsmäßige Preisbildung, Geldentwertung, Auslandssteuerungslage) in ihrem inneren Zusammenhange behandelt. Die Darstellung ist nach dem Grundsatz „Wahrheit und Klarheit" ohne jede Parteinahme allein auf das Wohl aller Arbeitenden gerichtet, denen sie zu ihrem eigenen Nutzen und zum Wohle der allgemeinen deutschen Sache eine Fülle von Anregungen bieten wird.

Vorlesungen über technische Mechanik. Von Geh. Hofrat Professor Dr. A. Föppl. In 6 Bänden.

I. Bd. **Einführung in die Mechanik.** 7. Aufl. Mit 104 Figuren. Geh. M. 50.—, geb. M. 60.— II. Bd. **Graphische Statik.** 5. Aufl. Mit 203 Abb. M. 50.—, geb. M. 60.— III. Bd. **Festigkeitslehre.** 8. Aufl. Mit 114 Fig. Geh. M. 53.—, geb. M. 63.—. IV. Bd. **Dynamik.** 6. Aufl. Mit 86 Fig. geh. M. 66.— V. Bd. **Die wichtigsten Lehren der höheren Elastizitätstheorie.** 4. Aufl. Mit 44 Figuren.] [U. d. Pr. 1921.] VI. Bd. **Die wichtigsten Lehren der höheren Dynamik.** 3. unv. Aufl. Mit 30 Fig. M. 58.—, geb. M. 70.—.

Kleiner Leitfaden der praktischen Physik. Von Professor Dr. Fr. Kohlrausch. 4. Aufl. bearb. von Prof. Dr. H. Scholl. Mit 165 Abbildungen im Text. Geh. M. 30.—, geb. . . . . M. 35.—

Die neue, von Professor Scholl-Leipzig bearbeitete Auflage stellt eine erhebliche Erweiterung des wertvollen Werkes dar, da das Buch nicht nur dem Universitätspraktikum, sondern auch den Anforderungen des späteren Berufes nutzbar gemacht werden sollte. Die den einzelnen Abschnitten vorangestellten Bemerkungen über physikalische Begriffe und Gesetze stellen in ihrer Gesamtheit zugleich ein kurzes Repetitorium der Experimentalphysik dar.

Verlag von B. G. Teubner in Leipzig und Berlin

Aus Natur und Geisteswelt
Sammlung wissenschaftlich-gemeinverständlicher Darstellungen aus allen Gebieten des Wissens

Jeder Band ist einzeln käuflich — **800 Bände** — **Kartoniert und gebunden erhältlich**

Verlag B. G. Teubner in Leipzig und Berlin

Verzeichnis der bisher erschienenen Bände innerhalb der Wissenschaften alphabetisch geordnet

I. Religion, Philosophie und Psychologie.

Anthroposophie s. Theosophie

Ästhetik. Von Prof. Dr. R. Hamann. 2. Aufl. (Bd. 345.)

Astrologie siehe Sternglaube.

Aufgaben u. Ziele d. Menschenlebens. Von Prof. Dr. J. Unold. 5. verb. A. (Bd. 12.)

Bergpredigt, Die. Von Geh. Kirchenrat Prof. D. Dr. H. Weinel. (Bd. 710.)

Bergson, Henri, der Philosoph moderner Relig. Von Pfarrer Dr E. Ott. (Bd. 180.)

Berkeley siehe Locke, Berkeley, Hume.

Buddha. Leben u. Lehre d. B. V. Prof. Dr. R. Pischel. 3. A. durchges. v. Prof. Dr. H. Lüders. Mit 1 Titelb. und 1 Taf. (Bd. 109.)

Christentum. Das, im Kampf u. Ausgleich m. d. griech.-röm. Welt. Studien u. Charakterist. a. s Werdezeit. V. Prof. Dr. J. Geffcken 3. umg. Afl. (Bd. 54.)

— Christentum und Weltgeschichte seit der Reformation. Von Prof. D. Dr. K. Sell. 2 Bde (Bd. 297. 298.)

— siehe Jesus, Kirche, Mystik im Christent.

Ethik. Grundzüge d. E. M. bes. Berücksicht. d. päd. Probl. 2. Aufl. V. E. Wentscher. (Bd. 397.)

— s. a. Aufg. u. Ziele, Sexualethik, Sittl. Lebensanschauungen, Willensfreiheit.

Freimaurerei, Die. Eine Einführung in ihre Anschauungswelt u. ihre Geschichte. Von Geh. Rat Dr L. Keller. 2. Aufl. von Geh. Archivrat Dr. G. Schuster. (463.)

Glauben und Wissen. Von Privatdoz. Studienrat Lic. W. Bruhn. (Bd. 730.)

Griechische Religion siehe Religion.

Handschriftenbeurteilung, Die. Eine Einführung in die Psychol. d Handschrift. Von Prof. Dr. G. Schneidemühl. 2., durchges. u. erw. Aufl. Mit 51 Handschriftennachb. i. T. u. 1 Taf. (Bd. 514.)

Herbart siehe Mystik.

Herbart, Johann Friedrich H.'s Leben und Lehre mit bes. Berücksichtigung seiner Erziehungs- und Bildungslehre. Von Bezirksschulinspektor Dr. Th. Fritzsch. (Bd. 164.)

Hume siehe Locke, Berkeley, Hume.

Hypnotismus und Suggestion. Von Dr. E Trömner 3. Aufl. (Bd. 199.)

Jesuiten, Die. Eine histor. Skizze. V. Prof. Dr. H. Boehmer. 4. neub. A. (Bd. 49.)

Jesus. Wahrheit und Dichtung im Leben Jesu. Von Kirchenrat Pfarrer D. Dr. P Mehlhorn. 3. umg. Aufl. (Bd. 137.)

— Die Gleichnisse Jesu. Zugleich Anleitung z. quellenmäß. Verständnis d. Evangelien. Von Geh. Kirchenrat Prof. D. Dr. H. Weinel. 4. Aufl. (Bd. 46.)

— s. auch Bergpredigt.

Israelitische Religion siehe Religion.

Juden, Geschichte der. J. s. Abt. IV.

Kant, Immanuel. Darstellung und Würdigung. Von Prof. Dr. O. Külpe. 5. Aufl. hrsg v. Prof. Dr. A. Messer. Mit 1 Bildnis Kants. (Bd. 146.)

Kirche. Geschichte der christlichen Kirche. Von Prof. Dr. H. Frhr. v. Soden: I. Die Entstehung der christlichen Kirche. (Bd 690.) II. Vom Urchristentum zum Katholizismus. (Bd. 691.)

— siehe auch Staat und Kirche.

Kriminalpsychologie s. Psychologie d. Verbrechers, Handschriftenbeurteilung.

Leben, Das L. nach dem Tode i. Glauben der Menschheit. Von Prof. D. Dr. C. Clemen. (Bd. 544.)

Lebensanschauungen siehe Sittliche L.

Leib und Seele in ihrem Verhältnis zueinander. Von Dr. phil. et med. G. Sommer. (Bd. 702.)

Locke, Berkeley, Hume. Die großen engl. Philos. Von Studienrat Dr. B. Thormeyer. (Bd. 481.)

Logik. Grundriß d. L. Von Dr. K. J. Grau. 2. durchg. u. veränd. A. (637.)

Luther. Martin L. u. d. deutsche Reformation. Von Prof. Dr. W. Köhler. 2. Aufl. Mit 1 Bildnis Luthers. (Bd 515.)

— s. auch Von L. zu Bismarck Abt. IV.

Mechanik d. Geisteslebens, Die. V Geh. Medizinalrat Direktor Prof. Dr. M. Verworn. 4. A. M. 19 Abb. (Bd. 200.)

Mission, Die evangelische. Von Pastor S. Baudert. (Bd. 106.)

Verzeichnis der bisher erschienenen Bände innerhalb der Wissenschaften alphabetisch geordnet

Mystik. M. i. Heidentum u. Christentum. V. Prof. Dr. Edv. Lehmann. 2. Aufl. Übers. v. A. Grundtvig. (Bd. 217.)
— f. auch Okkultismus, Theosophie.
Mythologie, Germanische. Von Prof Dr. F. von Negelein. 3. Aufl. (Bd. 95.)
Naturphilosophie. Von Prof. Dr. J. M. Verweyen. 2. Aufl. (Bd. 491.)
Okkultismus, Spiritismus u. unterbew. Seelenzust. V. Dr. R. Baerwald. (560.)
Palästina und seine Geschichte. Von Prof. Dr. H. Frh. v. Soden. 4. Aufl. Mit 1 Plan von Jerusalem und 3 Ansichten des Heiligen Landes. (Bd. 6.)
— P. u. f. Kultur in 5 Jahrtausenden. Nach d. neuest. Ausgrabgn. u. Forschgn. dargest. von Prof. Dr. P. Thomsen. 2., neubearb Aufl. M. 37 Abb. (260.)
Paulus, Der Apostel, u. sein Werk. Von Prof. Dr. E. Vischer. 2. A. (Bd. 309.)
Philosophie, Die. Einführ. i. b. Wissensch., ihr Wes. u. ihre Probleme. Von Realgymnasialdir. H. Richert. 3. A. (186.)
— Einführung in die Ph. Von Prof. Dr. R. Richter. 5. Aufl. von Priv.-Doz. Dr. M. Brahn. (Bd. 155.)
— Geschichte der Philosophie in 7 Bden. I. Antike Philosophie bis Aristoteles. Von Studienrat Dr. E. Hoffmann. II. 1. Antike Phil. bis Poseidonios. Von Stubr. Dr. E. Hoffmann. 2. Hellenistisch-christliche Phil. Von Privatdoz. Dr. M. Heidegger. III. Mittelalter u. Renaissance bis zur mod. Naturphil. P. Privatdoz. Dr. M. Heidegger. IV. Von Descartes bis Leibniz. Von Prof. Dr. Kroner. V. Englischer Empirismus. Aufklärung. Kant. Von Privatdoz. Dr. S. Marck. VI/VII. Die Philosophie von Kant an. Von Prof. Dr. J. Cohn. (Bd. 741/47.)
— Führende Denker. Geschichtl. Einleit. in die Philosophie. Von Prof. Dr. J. Cohn. 4. Aufl. Mit 6 Bildn. (176.)
— Die Phil. d. Gegenw. in Deutschland. V. Prof. Dr. O. Külpe. 7. verb. A. (41.)
— f. auch Religion: Religionsphilos.
Poetik. Von Dr. R. Müller-Freienfels. 2. überarb. u. erw. Aufl. (Bd. 460.)
Psychologie. Einführ. i. d. P. E. von Aster. 2. Afl. M. 4 Abb. (492.)
— **Psychologie d. Kindes.** R. Prof Dr. R. Gaupp. 4. Aufl. M. 17 Abb. (213/214.)
— **Psychologie d. Verbrechers.** (Kriminalpsychol.) V Strafanstaltsdir. Dr. med. V. Pollitz. 2. Aufl. M. 5 Diagr. (Bd. 248.)
— **Einführung in die experiment. Psychologie.** Von Prof. Dr. R. Braunshausen. 2. Afl. M. 17 Abb. i. T. (484.)
— **Angewandte Psych.** Method. u. Ergebn. V. Dr. phil et med. E. Stern. (Bd. 771.)
— **Die krankhaften Erscheinungen des Seelenlebens.** Allg. Psychopathologie. Von Dr. phil et med E. Stern. (764.)
— f. auch Handschriftenbeurteilg., Hypnotismus u. Sugg., Mechanik d. Geistesleb., Poetik, Seele d. Menschen, Veranlag. u. Vererb., Willensfreiheit; Pädag. Abt. II

Reformation siehe Luther.
Religion. Einführung i. d. vergl. R.-Geschichte. Von Prof. D. Dr. K. Beth. (Bd. 658.)
— **Die nichtchristlichen Kulturreligionen** in ihrem gegenw. Zustand. Von Prof. D. Dr. C. Clemen. 2 Bde. I. Die japanischen und chinesischen Nationalreligionen. Der Jainismus und Buddhismus. II. Der Hinduismus, Parsismus und Islam. (Bd. 533/34.)
— **Die Religion der Griechen.** Von Prof. Dr. E. Samter. Mit Bilderanhang. (Bd. 457.)
— **Die Grundzüge der israelitischen Religionsgesch.** V. Prof. D. Fr. Giesebrecht. 3. Aufl. V. Geh. Konsistorialrat Prof. D. A. Bertholet. (Bd. 52.)
— **Religion u. Naturwissensch.** in Kampf u. Fried. E. geschichtl. Rückbl. V. Pfarr. Dr. A Pfannkuche. 2. A. (Bd. 141.)
— f. auch Bergson, Buddha, Christentum, Leben nach dem Tode, Luther.
— **Religionsphilosophie, Einführung in die R.** Von Konsistorialr. Lic. Dr. P. Kalweit. 2. Aufl. (Bd. 225.)
Religiöse Erziehung siehe Abt. II.
Rousseau. Von Prof. Dr. P. Hensel. 3. Aufl. Mit 1 Bildnis. (Bd. 180.)
Schopenhauer. Seine Persönlicht., f. Lehre, f. Bedeutung. V. Realgymnasialdir. H. Richert. 4. Aufl. Mit dem Bildn. Schopenhauers. (Bd. 81.)
Seele des Menschen, Die. Von Geh. Rat Prof. Dr. J. Rehmke. 5. Aufl. Mit Abb. (Bd. 36.)
Sexualethik. Von Prof. Dr. H. E. Timerding. (Bd. 592.)
Sinne d. Menschen, D. Sinnesorgane und Sinnesempfind. V. Hofr. Prof. Dr. J. v. Kreibig. 3., vrb. A. M. 30 Abb. (27.)
Sittl. Lebensanschauungen d. Gegenwart. V. Pfd Kirchenr. Prof. D. O. Kirn. 3. A. V. Prof. D. Dr. O. Stephan. (177.)
— f. a. Ethik, Sexualethik.
Spiritismus siehe Okkultismus.
Staat und Kirche in ihrem gegenseitigen Verhältnis seit der Reformation. Von Pfarr. Dr. A. Pfannkuche. (Bd. 485.)
Sterglaube und Sterndeutung. Die Geschichte u. d. Wes. d. Astrolog. Unt. Mitw. v. Geh. Rat Prof. Dr. K Bezold dargest. v. Geh. Hofr. Prof. Dr. Fr. Boll. 2. Aufl. M. 1 Sterntaf. u. 20 Abb. (Bd. 638.)
Suggestion s. Hypnotismus.
Testament, Das Alte. Seine Gesch. u. Bedeutg. V. Prof. Dr. P. Thomsen. (669.)
— **Neues.** Der Text d. N. T. nach f. geschichtl. Entwickl. Von Prof Liz. A. Pott. 2. Aufl. Mit 8 Taf. (Bd. 134.)
Theologie. Einführung in die Theologie. Von Pastor M. Cornils. (Bd. 347.)
Theosophie u. Anthroposophie. V. Privatdoz. Studienr. Lic. W. Bruhn. (73.)
Urchristentum siehe Christentum.
Veranlagung u. Vererbg., Geistige. V. Dr. phil. et med. G. Sommer. 2. Aufl. (512.)
Weltanschauung. Griechische. Von Prof. Dr. M Wundt. 2. Aufl. (Bd. 329.)

2

Weltanschauungen, D., d. groß. Philosophen der Neuzeit. Von Prof. Dr. L. Busse. 6. Aufl., hrsg. v. Geh. Hofrat Prof. Dr. R. Falckenberg. (Bd. 56.)
Weltentstehung. Entsteh. d. W. u. d. Erde nach Sage u. Wissenschaft. Von Prof. Dr. M. B. Weinstein. 3. Aufl. (Bd. 223.)
Weltuntergang in Sage und Wissenschaft. Von Prof. Dr. S. Oppenheim und Prof. Dr. K. Ziegler. (Bd. 720.)
Willensfreiheit. Das Problem der W. Von Prof. Dr. G. F Lipps 2.Afl. (Bd. 383)
— f. auch Ethik, Mechanik d. Geistes lebens, Psychologie.

II. Pädagogik und Bildungswesen.

Berufswahl, Begabung u. Arbeitsleistung i. ihren gegenseit. Beziehungen. V. W. F. Ruttmann. 2. A. M. 7 Abb. (Bd. 522.)
Bildungswesen, D. deutsche, i. s. geschichtl. Entwicklung. V Prof.Dr.Fr.Paulsen. 4.Aufl. M. Bildn. P's. (Bd. 99/100.)
— f. auch Volksbildungswesen.
Erziehung. E. zur Arbeit. Von Prof. Dr. Edv. Lehmann. (Bd. 459.)
— Deutsche E. in Haus u. Schule. Von J. Tews. 3. Aufl. (Bd. 159.)
— f a. Großstadterz., Relig. Erziehung.
Fortbildungsschulwesen, Das deutsche. Von Geh. Reg.-Rat Prof. Dr. F. Schilling. (Bd. 256.)
Fröbel, Friedrich. Von Dr. Joh. Prüfer. 2. verb. Aufl. M. 2 Abb. (Bd. 82.)
Großstadterziehung. Die Großstadt als Jugenderziehungs- und Jugendbildungsstätte. V. J Tews. 2. Aufl. (327.)
Herbart. Johann Friedrich H.s Leben und Lehre mit besond. Berücksichtigung seiner Erziehungs- und Bildungslehre. Von Bezirksschulinspektor Dr. Th. Fritsch. (Bd. 164.)
Hochschulen s. Techn.Hochschulen u. Univ.
Jugendpflege. Von Fortbildungsschullehrer W Wiemann. (Bd. 434.)
Leibesübungen siehe Abt. V.
Mittelschule s. Volks- u. Mittelschule.
Pädagogik. Allgemeine. Von Prof. Dr. Th. Ziegler. 4. Aufl. (Bd. 33.)
— Experimentelle P. mit bes. Rücksicht auf die Erzieh durch die Tat Von Dr W. A. Lay. 3.,vrb.A.M. 6 Abb. (Bd. 224.)
— siehe Erziehung, Psychologie. Abt. I.

Pestalozzi. Leben u. Ideen. B. Geh. Reg.-Rat Prof Dr.P.Natorp. 3. Afl. (250)
Religiöse Erziehung in Haus u. Schule. V. Prof. Dr. F.Niebergall. (599.)
Rousseau. Von Prof. Dr. P. Hensel. 3. Aufl. Mit 1 Bildnis. (Bd. 180)
Schule siehe Fortbildungs-, Techn. Hoch,- Volksschule, Universität.
Schulhygiene. Von Reg.-Rat Prof. Dr. L. Burgerstein. 4. Aufl. Mit 24 Abb. (Bd. 96.)
Schulkämpfe d. Gegenw. Von J. Tews. 2. Aufl. (Bd. 111.)
Student, Der Leipziger, von 1409 bis 1909. Von Prof. Dr. W. Bruchmüller. Mit 25 Abb. (Bd. 273.)
Studententum. Geschichte des deutschen St. Von Prof. Dr. W. Bruchmüller. (Bd. 477.)
Techn. Hochschulen in Nordamerika. Von Geh. Reg.-Rat Prof. Dr. S. Müller. M. zahlr. Abb., Karte u. Lagepl. (190.)
Universitäten. Über U. u. Universitätsstud. V. Prof. Dr. Th. Ziegler. Mit 1 Bildn Humboldts. (Bd. 411.)
Unterrichtswesen. Das deutsche, der Gegenwart. Von Geh. Studienrat Oberrealschuldir. Dr. K. Knabe. (Bd. 299.)
Volksbildungswesen. V. Stadtbbl. Prof.Dr. G. Fritz. 2.Aufl. M. 12 Abb. (Bd. 266.)
Volks- und Mittelschule, Die preußische, Entwicklung und Ziele. Von G H. Reg.- u. Schulrat Dr. A. Sachse. (Bd. 432.)
Zeichenkunst. Der Weg z. Z. Ein Büchl. f. theor. u. prkt. Selbstbb. B. Dir. Dr.E.Weber. M. 84 Abb. u. 1 Farbt. (430.)

III. Sprache, Literatur, Bildende Kunst und Musik.

Altnordische Literaturgesch. s. Literatur.
Architektur siehe Baukunst und Renaissancearchitektur.
Ästhetik. Von Prof. Dr. R. Hamann. 2. Aufl. (Bd. 345.)
Baukunst. Deutsche B. Von Geh. Reg.-Rat Prof. Dr. A. Matthaei. 4 Bd. I. Deutsche Baukunst im Mittelalter. V. b. Anf. b. z. Ausgang d. roman. Baukunst. 4. Aufl. Mit 35 Abb. (Bd. 8.) II. Gotik u. „Spätgotik". 4.Aufl Mit 67 Abb. (Bd. 9.) III.Deutsche Baukunst in d. Renaissance u. d. Barockzeit b. z. Ausg. d. 18. Jahrh. 2. Afl. Mit 63 Abb. i Text. (Bd. 326.) IV. Deutsche B. im 19. Jahrh. u.i.d.Gegenw 2.Afl. M. 40 Abb. (781.)
— siehe auch Renaissancearchitektur.
Beethoven siehe Haydn.
Bildende Kunst. Bau und Leben der b. K. Von Dir. Prof. Dr. Th. Volbehr. 2. Aufl. Mit 44 Abb. (Bd. 68.)

Bildende Kunst s.a.Baut., Griech. K., Impression, Kunst, Maler, Malerei, Stile.
Björnson siehe Ibsen.
Buch. Wie ein Buch entsteht siehe Abt. VI.
— s. auch Schrift- u. Buchwesen Abt. IV.
Dekorative Kunst d. Altertums. B. Dr. Fr. Poulsen. M. 112 Abb. (Bd. 454.)
Denkmalpflege siehe Abt. IV.
Drama, Das. Von Dr. B. Busse. Mit Abb. 3 Bde 1: B. d. Antike z. franz. Klassizismus. 2. A., neub. v.Studienr. Dr.F.K. Niedlich, Prof. Dr. R. Jmelmann u. Prof. Dr. Glaser. M. 3 Abb. II: Von Voltaire zu Lessing. 2. Aufl. Von Dir. Dr. Ludwig u. Prof. Dr. Glaser III: B.d. Romant. z. Gegenw. (287/289.)
Drama. D. dtsche. D.d. 19. Jahrh. In s. Entwicklbgest.v.Prof.Dr.G. Witkowski. 4. Aufl. M. Bildn. Hebbels. (Bd. 51.)

Verzeichnis der bisher erschienenen Bände innerhalb der Wissenschaften alphabetisch geordnet

Drama f. a. Goethe, Grillparzer, Hauptmann, Hebbel, Ibsen, Lessing, Literatur, Schiller, Shakespeare, Theater.
Dürer, Albrecht. B Prof. Dr. R. Wustmann. 2. Aufl., neubearb. u. ergänzt v. Geh. Reg.-Rat Prof. Dr. A. Matthaei. Mit Titelb. u. 31 Abb. (Bd. 97.)
Französischer Roman siehe Roman.
Frauendichtung. Gesch. d. dt. F. s. 1800. B. Dr. H. Spiero. M. 3 Bild. (390.)
Fremdwortkunde. Von Dr. E. Richter.
Gartenkunst siehe Abt. IV. [(Bd. 570.)
Goethe. Von Prof. Dr. M. J. Wolff. (Bd. 497.)
Griech. Komödie. D. B. Geh. Hofr. Prof. Dr. A. Körte. M. Titelb. u. 2 Taf. (400.)
Griechische Kunst. Die Blütezeit der g. K. im Spiegel der Reliefsarkophage. Eine Einf. i. d. griech. Plastik. B. Prof. Dr. H. Wachtler. 2. A. M. zahlr. Abb. (272.)
— siehe auch Dekorative Kunst.
Griechische Lyrik. Von Geh. Hofrat Prof. Dr. E. Bethe. (Bd. 736.)
Griech. Tragödie, Die. B. Prof. Dr. J. Geffcken. M. 5 Abb. i. T. u. a. 1 Taf. (566.)
Grillparzer, Franz. Von Prof. Dr. A. Kleinberg. M. Bildn. (Bd. 518.)
Harmonielehre. Von Dr. H. Scholz. (Bd. 703/04.)
Harmonium s. Tasteninstrumente.
Hauptmann, Gerhart. B. Prof. Dr. E. Sulger-Gebing. M. 1 Bildn. 2. Aufl. (Bd. 283.)
Haydn, Mozart, Beethoven. Von Prof. Dr. E. Krebs. 3. Aufl. Mit 4 Bildn. auf Tafeln (Bd. 92.)
Hebbel, Friedrich, u. s. Dramen. B. Geh. Hofr. Prof. Dr. O. Walzel. 2. Aufl. (408.)
Heimatpflege siehe Abt. IV.
Heldensage, Die germanische. Von Dr. J. W. Bruinier. (Bd. 486.)
Homerische Dichtung, Die. Von Rektor Dr. G. Finsler. (Bd. 496.)
Ibsen u. Björnson. Von Prof. Dr. G. Necke l. (Bd. 635.)
Impressionismus. Die Maler des J. Von Prof. Dr. B. Lázár. 2. A. M. 32 Abb. auf 16 Tafeln. (Bd. 395.)
Klavier siehe Tasteninstrumente.
Komödie siehe Griech. Komödie.
Kunst. Das Wesen der deutschen bildenden K. Von Geh. Rat Prof. Dr. H. Thode. (Bd. 585.)
— s. a. Baut., Bildh., Dekor., Griech. K.; Pompeji, Stile; Gartenk. Abt. IV.
Lessing. Von Prof. Dr. Ch. Schrempf. Mit einem Bildnis. (Bd. 403.)
Literatur. Entwickl. der deutsch. L. seit Goethes Tod. B. Dr. W. Brecht. (595.)
— Geschichte der niederdeutschen L. v. d. ältest. Zeiten bis z. Gegenw. Von Prof. Dr. W. Stammler. (Bd. 815.)
— Altnordische Literatur-Geschichte. Von Prof. Dr. G. Neckel. (Bd. 782.)
— Einführung i. d. Verständnis literarischer Kunstwerke. Von Prof. Dr. P. Merker. (Bd. 711.)

Lyrik. Geschichte d. deutsch. L. f. Claudius. B. Dr. H. Spiero. 2. Aufl. (Bd. 254.)
— f. auch Frauendichtung, Griechische Lyrik, Literatur, Minnesang, Volkslied.
Maler. Die altdeutschen, in Süddeutschland. Von H. Nemitz. Mit 1 Abb. i. Text und Bilderanhang. (Bd 464.)
— f. Dürer, Michelangelo, Impression. Rembrandt.
Malerei, D. deutsche i. 19. Jahrh. B. Prof. Dr. R. Hamann. 2 Bde. (448—449.)
— Niederl. M. im 17. Jahrh. B. Prof. Dr. H. Jantzen. M. 37 Abb. (378.)
Märchen f Volksmärchen.
Michelangelo. Eine Einführung in das Verständnis seiner Werke. B. Prof. Dr. E. Hildebrandt. Mit 44 Abb (392.)
Minnesang. D Siebe i. Liebe d. dtsch. Mittelalt B. Dr. J. W. Bruinier. (404.)
Mozart siehe Haydn.
Musik. Die Grundlagen d. Tonkunst. Versuch einer entwicklungsgesch. Darstell. d. allg. Musiklehre. Von Prof. Dr. H. Rietsch. 2. Aufl. (Bd. 178.)
— Musikalische Kompositionsformen. B G. Kallenberg. Band I: Die elementar. Tonverbindungen als Grundlage d. Harmonielehre. Bd. II: Kontrapunktik u. Formenlehre. (Bd. 412, 413.)
— Geschichte der Musik. Von Dr. A. Einstein. 2. Aufl. (Bd. 438.)
— Beispielsammlung zur älteren Musikgeschichte. B Dr. A. Einstein. (439.)
— Musikal. Romantik. Die Blütezeit d. m. R. in Deutschland. Von Dr. E. Istel 2. verb. Aufl. (Bd. 239.)
— f. auch Harmonielehre, Haydn, Oper, Orchester, Tasteninstrumente, Wagner.
Mythologie. Germanische. Von Prof Dr. J. v. Negelein. 3. Aufl. (Bd. 95.)
— siehe auch Volkssage. Deutsche
Nibelungenlied, Das. Von Prof. Dr. J. Körner. (Bd. 591.)
Niederdeutsche Literatur s. Literatur.
Niederländ. Malerei s. Malerei, Rembrandt.
Novelle siehe Roman.
Oper, Die moderne. Vom Tode Wagners bis zum Weltkrieg (1883—1914). Von Dr. E. Istel. Mit 3 Bildn. (Bd. 495.)
— siehe auch Haydn, Wagner.
Orchester. Das moderne Orchester. Von Prof. Dr. Fr. Volbach I. Die Instrumente d. O. (Bd. 714.) II. Das mod. O. i. f. Entwickl. 2. Aufl. M Titelb. u. 2 Taf. (715.)
Orgel siehe Tasteninstrumente.
Personennamen. D. deutsch. B. Geh. Studienrat A. Bähnisch. 3. A. (Bd. 296.)
Perspektive, Grundzüge d. B. nebst Anwend. B. Prof. Dr. K. Doehlemann. 2. verb. Aufl. Mit 91 Fig. u. 11 Abb. (510.)
Phonetik. Einführ. i. d. Ph. Wie wir sprechen. B. Dr. E. Richter. M. 20 A. (354.)
Photographie, D. künstler. Ihre Entwicklung, ihre Probl., ihre Bedeutung. B. Studienrat Dr. W. Warstat. 2. verb. Aufl. Mit Bilderanhang. (Bd. 410.)
— f. auch Photographie Abt. VI.

4

Sprache, Literatur, Bildende Kunst und Musik — Geschichte, Kulturgeschichte und Geographie

plastik s. Griech. Kunst, Michelangelo.
Poetik. Von Dr. R. Müller-Freienfels. 2. Aufl. (Bd. 460.)
Pompeji. Eine hellenist. Stadt in Italien. Von Geh. Hofrat Prof. Dr. Fr. v. Duhn. 3. Aufl. M. 62 Abb. i. T. u. auf 1 Taf., sowie 1 Plan. (Bd. 114.)
Projektionslehre. In kurzer leichtfaßlicher Darstellung f. Selbstunterr. und Schulgebrauch. B. akab. Zeichenl. A. Schubeisky. Mit 208 Abb. (Bd. 564.)
Rembrandt. Von Prof. Dr B. Schubring. 2. Aufl. Mit 48 Abb. auf 28 Taf. i. Anh. (Bd. 158.)
Renaissance siehe Abt. IV.
Renaissancearchitektur in Italien. Von Prof. Dr. P. Frankl. I. Bd. M. 12 Taf. u. 27 Textabb. (Bd. 381.)
Rhetorik. Von Prof. Dr. E. Geißler. 2Bde. I. Richtlinien für die Kunst des Sprechens. 3. verb. Aufl. II. Deutsche Redekunst. 2. Aufl. (Bd. 455/456.)
Roman. Der französische Roman und die Novelle. Ihre Entwicklg v. d. Anf. b. z. Gegenw. Von O. Flake. (Bd. 377.)
Romantik, Deutsche. B. Geh. Hofrat Prof. Dr. O. F. Walzel. 4. Aufl. I. Die „Weltanschauung. II. Die Dichtung. (Bd. 232/233.)
— Die Blütezeit der mus. R. in Deutschland. B. Dr. E. Istel. 2.Aufl. (239.)
Sage siehe Heldensage, Mythol., Volkssage.
Schauspieler, Der. Von Prof. Dr. Ferdinand Gregori. (Bd. 692.)
Schiller. Von Prof. Dr. Th. Ziegler. Mit 1 Bildn. 3. Aufl. (Bd. 74.)
Schillers Dramen. Von Direktor E. Heusermann. (Bd. 493.)
Shakespeare. Sh. u. seine Zeit. Von Prof. Dr. R. Imelmann. (Bd. 816.)
— Sh.'s Werke. Von Prof. Dr. R. Imelmann. (Bd. 817.)

Sprache, Die Haupttypen des menschlich. Sprachbaus. Von Prof. Dr. F. N. Finck. 2. Aufl. v. Prof. Dr. E. Kieckers. (268.)
— Die deutsche Sprache v. heute. B. Studienr. Dr. W. Fischer. 2. verb. A. (475.)
— Fremdwortkunde. Von Privatdozentin Dr. Elise Richter. (Bd. 570.)
— siehe auch Phonetik, Rhetorik; ebenso Sprache u. Stimme Abt. V.
Sprachstämme, Die, des Erdkreises. Von Prof. Dr. F. N. Finck. 2. Aufl. (Bd. 267.)
Sprachwissenschaft. Von Prof. Dr. Kr. Sandfeld-Jensen. (Bd. 472.)
Stile, Die Entwicklungsgesch. d. St. in der bild. Kunst. B. Dr. E. Cohn-Wiener. 3. Aufl. I.: B. Altertum b. z. Gotik. M. 69 Abb. II.: B. d. Renaissance b. z. Gegenwart. Mit 2 Abb. (Bd. 317/318.)
Tasteninstrumente. Klavier, Orgel, Harmonium. Das Wesen der Tasteninstrumente. B. Prof. Dr. O. Bie. (Bd. 325.)
Theater, Das, v. Altert. bis zur Gegenw. Von Prof. Dr. Chr. Gaehde. 3. Aufl. 17 Abb (Bd. 230.)
Tragödie s. Griech. Tragödie.
Urheberrecht siehe Abt. V.
Volkslied, Das deutsche. Über Wesen und Werden b. deutschen Volksgesanges. Von Dr. J. W. Bruinier. 5. Aufl. (Bd. 7.)
Volksmärchen, Das deutsche. B. Von Pfarrer K. Spieß. (Bd. 587.)
Volkssage. Die deutsche. übersichtl. dargest. v. Dr. O. Böckel. 2. Aufl. (Bd. 262.)
— s.a.Heldens., Nibelungenl., Mythologie.
Wagner. Das Kunstwerk Richard W.'s. Von Dr.E. Istel. M.1Bildn. 2. Aufl. (330)
— siehe auch Musikal.Romantik u. Oper.
Zeichenkunst. Der Weg z. Z. Ein Büchlein für theoretische und praktische Selbstbildung. Von Dir. Dr. E. Weber. 3. Aufl. Mit 84 Abb. u. 1 Farbtafel. (Bd. 430.)
— s. auch Perspektive, Projektionslehre; Geometr. Zeichn. Abt. V, Techn. Z. Abt. VI.
Zeitungswesen. Von Dr. H. Diez. 2. durchgearb. Aufl. (Bd. 328.)

IV. Geschichte, Kulturgeschichte und Geographie.

Alpen, Die. Von H. Reishauer. 2., neub. Aufl. von Prof. Dr. H. Slanar. Mit Abb. und Karten. (Bd. 276.)
Altertum, Das, im Leben der Gegenwart. B. Prov.-Schul- u. Geh. Reg.-Rat Prof. Dr. B. Cauer. 2. Aufl. (Bd. 356.)
— D. Altertum, seine staatliche u. geistige Entwicklung und deren Nachwirkungen. B Studienrat H Preller. (Bd. 642.)
Amerika. Gesch. d. Verein. Staaten v. A. B. Prof. Dr. E Daenell. 2.A. (Bd. 147.)
— Südamerika. B. Regier. u. Ökonomier. Prof. Dr. E. Wagemann. (718.)
Amerikaner, Die. B. R. M. Butler. Dtsch. v.Prof. Dr. W. Paszkowski. (319.)
Antike. Deutschtum u. A. in ihrer Verknüpfung. Ein Überblick von Oberstudienrat Konrektor Prof. Dr. E. Stemplinger und Konrektor Prof. Dr. H. Lamer. Mit 1 Taf. (Bd. 689.)

Antike. A. Wirtschaftsgeschichte. Von Dr. O. Neurath. 2. Aufl. (Bd. 258.)
— Antikes Leben nach den ägyptischen Papyri. B. Geh. Postrat Prof. Dr. Fr. Preisigke. Mit 1 Tafel. (Bd. 565.)
Arbeiterbewegung s. Soziale Bewegungen.
Australien und Neuseeland. Land, Leute und Wirtschaft. Von Prof. Dr. R. Schachner. Mit 23 Abb. (Bd. 366.)
Baltische Provinzen. B. Dr. B. Tornius. 3.Aufl. M. 8 Abb. u. 2 Kartensk. (Bd. 542.)
Bauernhaus. Kulturgeschichte des deutschen B. Von Baudir. Dr.-Ing. Chr. Rand. 3. Aufl. Mit 73 Abb. (Bd. 121.)
Bauernstand. Gesch. d. dtsch. B. B. Prof. Dr. H. Gerdes. 2., verb. Aufl. Mit 22 Abb. i. Text (Bd. 320.)
Belgien. Von Dr. P. Oswald. 3. Aufl. Mit 4 Karten i. T. (Bd. 501.)

Verzeichnis der bisher erschienenen Bände innerhalb der Wissenschaften alphabetisch geordnet

Bismarck u. f. Zeit. Von Archivrat Prof. Dr. V. **Valentin.** Mit Titelb. 4. Aufl. (Bd. 500.)
— **Von Luther zu Bismarck.** 12 Charakterbilder aus deutscher Geschichte. Von Prof. Dr. O. **Weber.** 2. Aufl. (Bd. 123/124.)
Böhmen. Zur Einführung in die böhmische Frage. Von Prof. Dr. R. F. **Kaindl.** Mit 1 Karte. (Bd. 701.)
Brandenburg.-preuß. Gesch. V. Archivar Dr. Fr. **Israel.** I. Von d. ersten Anfängen b. z. Tode König Fr. Wilhelms I. 1740. II. V. d. Regierungsantritt Friedrichs d. Gr. b. z. Gegenw. (440/441.)
Bürger i. Mittelalt. f. **Städte u. V. i. M.**
Christentum u. Weltgeschichte seit der Reformation. Von Prof. D. Dr. K. **Sell.** 2 Bde. (Bd. 297/298.)
Denkmalpflege f. **Heimatpflege.**
Deutschtum im Ausland, Das, vor dem Weltkriege. Von Prof. Dr. R. **Hoeniger.** 2. Aufl. (Bd. 402.)
— **u. Antike i. ihr. Verknüpfg.** Ein Überblick v. Oberstudienr. Konrekt. Prof. Dr. E. **Stemplinger** u. Oberstudienr. Konrekt. Prof. Dr. H. **Lamer.** M. 1 T. (689.)
Dorf, Das deutsche. V. Prof. R. **Mielke.** 3. Aufl. Mit 51 Abb. (Bd. 192.)
Eiszeit, Die, u. d. vorgeschichtl. Mensch. V. Geh. Bergrat Prof. Dr. G. **Steinmann.** 2. Aufl. M. 24 Abb. (302.)
Englands Weltmacht in ihrer Entwickl. seit d. 17. Jahrh. b. a. u. Tage. V. Dir. Prof. Dr. W. **Langenbeck.** 3. Aufl. (Bd. 174.)
Entdeckungen, Das Zeitalter der E. Von Geh. Hofrat Prof. Dr. S. **Günther.** 4. Aufl. Mit 1 Weltkarte. (Bd. 26.)
Erde siehe **Mensch u. E.**
Erdkunde, Allgemeine. 8 Bde. Mit Abb. I. Die Erde, ihre Beweg. u. ihre Eigenschaften (math. Geogr. u. Geonomie). Von Admiralitätsr.Prof.Dr. E. **Kohlschütter.** (Bd. 625.) II. Die Atmosphäre der Erde (Klimatologie, Meteorologie). Von Prof. Dr. O. **Baschin.** (Bd. 626.) III.Geomorphologie. V. Prof. Dr. F. **Machatschek.** M. 33 Abb. (Bd. 627.) IV. Physiogeographie. Süßwassers. V. Prof. Dr. F. **Machatschek.** M. 24 Abb. (Bd. 628.) V. Die Meere. Von Prof. Dr. A. **Merz.** (Bd. 629.) VI. Die Verbreitung der Pflanzen. Von Dr. **Brockmann-Jerosch.** (Bd. 630.) VII. Die Verbreitg. d. Tiere. V. Dr. W. **Knopfli.** (Bd. 631.) VIII. Die Verbreitg. d. Menschen auf d. Erdoberfläche (Anthropogeographie). V. Prof. Dr. R. **Krebs.** M. 12 Abb. (632.)
— siehe auch **Geographie.**
Europa. Vorgeschichte E.'s. Von Prof. Dr. H. **Schmidt.** (Bd. 571/572.)
Europäische Geschichte im Zeitalter Karls V., Philipps II. u. d. Elisabeth. Von Prof. Dr. G. **Mentz.** (Bd. 528.)
— — **im Zeitalter Ludwigs XIV. und d. Großen Kurfürsten.** Von Prof. Dr. W. **Platzhoff.** (Bd. 530.)

Familienforschung. Von Dr. E. **Devrient.** 2. Aufl. M. 6 Abb. i. T. (350.)
Feldherren, Große. Von Major F. C. **Endres.** I. Vom Altertum b. z. Tode Gustav Adolfs. Mit 1 Titelb., 12 Karten u. 1 Schema. II. V. Turenne b. Hindenburg. M. 1 Titelb. u. 14 K. (687/688.)
Feste, Deutsche, u. Volksbräuche. V. Prof. Dr. E. **Fehrle.** 2. Aufl. M. 29 Abb. (Bd. 518.)
Finnland. Von Gesandtschaftsrat J. **Öquist.** (Bd. 700.)
Frauenbewegung, Die deutsche. Von Dr. Marie **Bernays.** (Bd. 761.)
Frauenleben. Deutsch. i. Wandel d. Jahrhunderte. V. Geh. Schulrat Dir. Dr. Ed. **Otto.** 3. Aufl. 12 Abb. i. T. (Bd. 45.)
Friedrich d. Gr. 6 Vortr. V. Prof. Dr. Th. **Bitterauf.** 2. A. M. 2 Bildn. (246.)
Gartenkunst. Gesch. d. G. V. **Baudir.** Dr. Ing. Chr. **Rand.** M. 41 Abb. (274.)
Geographie der Vorwelt (Paläogeographie). Von Prof. Dr. E. **Dacqué.** Mit 18 Fig. i. Text. (Bd. 619.)
Geologie siehe Abt. V.
German. Heldensage f. **Heldensage.**
Germanische Kultur in der Urzeit. Von Bibliotheksdir. Prof. Dr. G. **Steinhausen.** 3. Aufl. Mit 13 Abb. (Bd. 75.)
Geschichte. Deutsche G. Von Prof. Dr. O. **Weber.** (Bd. 825.)
— **Deutsche G. des Mittelalters.** V. Studr. Dr. G. **Bonwetsch.** (Bd. 517.)
— **Deutsche G. im 19. Jahrh. b. zur Reichseinheit.** V. Prof. Dr. R. **Schwemer.** 3 Bde. I.: Von 1800–1848 Restauration und Revolution. 3. Aufl. (Bd. 37.) II.: Von 1848–1862. Die Reaktion und die neue Ära. 2. Aufl. (Bd. 101) III.: Von 1862–1871. V. Bund z. Reich. 3. Aufl. (Bd. 820.)
Gesellsch. u. Gesellsch. in Vergangenh. u. Gegenw. Von S. **Trautwein** (706.)
Griechentum. Das G. in seiner geschichtlichen Entwicklung. V. Hofrat Prof. Dr. R. v. **Scala.** Mit 46 Abb. (Bd. 471.)
Griechische Städte. Kulturbilder aus gr. St. I. Von Prof. Dr. E. **Ziebarth.** 3. umg. Aufl. Mit 21 Abb. i. T. u. a. 16 Taf. (Bd. 131.)
Handel. Geschichte d. Welthandels. Von Realgymnasial-Dir. Prof. Dr. M. G. **Schmidt.** 3. Aufl. (Bd. 118.)
— **Gesch. d. dtsch. Handels** f. d. Ausgang d. Mittelalters. V. Dir. Prof. Dr. W. **Langenbeck.** 2. Afl. M. 16 Tab. (237.)
Handwerk, Das deutsche, in seiner kulturgeschichtl. Entwickl. Von Geh. Schulrat Dir. Dr. **Otto.** 5. Aufl. Mit 23 Abb. a. 8 Taf. (Bd. 14.)
— siehe auch **Dekorative Kunst** Abt. III.
Heimatpflege. (Denkmalpflege u. Heimatschutz.) Ihre Aufgaben, Organisation und Gesetzgebung. Von Dr. E. **Bartmann.** (Bd. 756.)
Heldensage, Die germanische. Von Dr. J. W. **Bruinier.** (Bd. 486.)

Geschichte, Kulturgeschichte und Geographie

Japan. V. Prof. Dr. K. Haushofer. (822.)
Jena. Von J. b. z. Wiener Kongreß. Von Prof. Dr. G. Roloff. (Bd. 465.)
Jesuiten, Die. Eine hist. Skizze. Von Prof. Dr. H. Boehmer. 4. Aufl. (Bd. 49.)
Indien. Von Prof. Dr. Sten Konow. (Bd. 614.)
Island, b. Land u. d. Volk. V. Prof. Dr. B. Herrmann. M. 9 Abb. (Bd. 461.)
Juden. Geschichte d. J. seit d. Unterg. d. jüd. Staates. Von Prof. Dr. J. Elbogen. (Bd. 748.)
Kartenkunde. Vermessungs- u. K. 6 Bde. Mit Abb. I. Geogr. Ortsbestimmung. Von Prof. Schnauder. (Bd. 606.) II. Erdmessung. Von Prof. Dr. O. Eggert. (Bd. 607.) III. Landmess. V. Geh. Finanzrat F Sudow. Mit 69 Zeichn. (Bd. 608.) IV. Ausgleichungsrechnung n. b. Methode b. kleinst. Quadrate. V. Geh. Reg.-Rat Prof. Dr. E. Hegemann. M. 11 Fig. i. Text. (Bd. 609.) V. Photogrammetrie, (Einfache Stereo- u. Luftphotogrammetrie). V. Diplom-Ing. H. Lüscher. Mit 78 Fig. i. Text u. a. 2 Tafeln. (Bd. 612.) VI. Kartenkunde. V. Finanzr. Dr.-Ing. A. Egerer. 1. Einführ. i. b. Kartenverständnis. Mit 49 Abbildungen im Text. 2. Kartenherstellung (Landesaufn.). (Bd. 610/611.)
Kirche s Staat u. K; Kirche Abt. I.
Krieg. Kulturgeschichte d. Kr. Von Prof. Dr. K. Weule, Geh. Horrat Prof. Dr. E. Bethe, Prof. Dr. V. Schmeidler, Prof. Dr. A. Doren, Prof. Dr. V. Herre. (Bd. 561.)
— s. auch Feldherren.
Kriegsschiffe. Unsere. Ihre Entstehung u. Verwendung. V Geh. Mar.-Baur. a. D. E. Krieger. 2. Aufl. v. Geh. Mar.-Baur. Fr. Schürer. M. 62 Abb. (389.)
Luther, Martin L. u. d. dtsche. Reformation. Von Prof. Dr. W. Köhler. 2., verb. Aufl. M. 1. Bildn. Luthers. (Bd. 515.)
Von Luther zu Bismarck. 12 Charakterbilder aus deutscher Geschichte. Von Prof. Dr. O. Weber. 2. Aufl. (123/124.)
Marx, Karl. Versuch einer Würdigung. V. Prof. Dr. R. Wilbrandt. 4. A. (621.)
Mensch u. Erde. Skizzen v d. Wechselbeziehungen zwischen beiden. Von Geh. Rat Prof. Dr. A Kirchhoff. 5 aufl.
— s. a. Eiszeit; Mensch Abt. V. (Bd. 31.)
Mittelalter. Mittelalterl. Kulturideale. V Prof. Dr. V. Wedel. I.: Heldenleben. II: Ritterromantif. (Bd 292. 293)
— s. auch Geschichte, Osten, Städte und Bürger i. M.
Moltke. Von Major F. C. Endres. Mit 1 Bildn. (Bd. 415.)
Münze. Grundriß d. Münzkunde. 2. Aufl. I. Die Münze nach Wesen, Gebrauch u. Bedeutg. V. Hofrat Dr. A. Luschin v. Ebengreuth. M. 56 Abb. II. Die Münze in ihrer geschichtl. Entwicklung v. Altertum b. z. Gegenw. Von Prof. Dr. H. Buchenau. (Bd. 91. 657.)
Mythologie s. Abt. I.

Napoleon I. Von Prof. Dr. Th. Bitterauf. 3. Aufl. Mit 1 Bildn. (Bd. 195.)
Nationalbewußtsein siehe Volk.
Natur u. Mensch. V. Dir. Prof. Dr. M. G. Schmidt. M. 19 Abb. (Bd. 458.)
Naturvölker. Die geistige Kultur der N. V. Prof. Dr. K. Th. Preuß. M. 9 Abb.
— s. a. Völkerkunde, allg. [(Bd. 452.)
Neugriechenland. Von Prof. Dr. A. Heisenberg. (Bd. 613.)
Neuseeland s. Australien.
Orient s. Indien, Palästina, Türkei.
Osten. Der Zug nach dem O. Die kolonisatorische Großtat d. deutsch. Volkes i. Mittelalter. V. Geh. Hofrat Prof. Dr. K. Hampe. (Bd. 731.)
Österreich. Ö.'s innere Geschichte von 1848 bis 1895. V R. Charmatz. 3., verand. Aufl. I. Die Vorherrschaft der Deutschen. II. Der Kampf der Nationen. (651/652.)
— Geschichte der auswärtigen Politik Ö.'s im 19. Jahrhundert. V. R. Charmatz. 2., verand. Aufl. I. Bis zum Sturze Metternichs. II. 1848—1895. (653/654.)
— Österreichs innere u. äußere Politik von 1895—1914. V R. Charmatz. (655.)
Ostmark s. Abt. VI.
Ostseegebiet, Das. V. Prof. Dr. G. Braun. M. 21 Abb. u. 1 mehrf. Karte. (Bd. 367.)
— s. auch Baltische Provinzen. Finnland.
Palästina u. s. Geschichte. V. Prof. Dr. H. Frh. v. Soden. 4. Aufl. M. 1 Plan v. Jerusalem u. 3 Aufl. d. Heil. Landes. (6.)
— V. u. s. Kultur i. 5 Jahrtaus d. Nach b. n. Ausgrab. u. Forsch. dargest. v. Prof. Dr. P. Thomsen. 2. A. M. 37 Abb. (260.)
Papyri s. Antikes Leben.
Polarforschung. Geschichte der Entdeckungsreisen zum Nord- u. Südpol d. ältest. Zeiten bis zur Gegenw V. Prof. Dr. K. Hassert. 3. Aufl. M. 6 Kart. (Bd. 38.)
Polen. M. ein. geschichtl. Überblick üb. d. polnisch-ruthen. Frage V. Prof. Dr. M. F. Kainbl. 2., verb. Aufl. M. 6 Kart. (547.)
Politik. Umrisse d. Weltpol. V. Prof. Dr. J. Haßhagen. 3 Bde. I: 1871—1907. 2. A. II: 1908—1914. 2. A. (Bd. 553/54.)
— **Politische Hauptströmungen in Europa im 19. Jahrhundert.** Von Prof. Dr. K. Th. v. Heigel. 4. Aufl. von Dr. Fr. Endres. (Bd. 129.)
— **Politische Geographie.** Von Prof. Dr. W. Vogel. (Bd. 634.)
Pompeji, eine hellenist. Stadt in Italien. V. Geh. Hofrat Prof. Dr. Fr. v. Duhn. 3. Aufl. M. 62 Abb. sowie 1 Plan. (114.)
Preußische Geschichte s. Brandenb.-pr. G.
Reaktion und neue Ära s. Gesch., deutsche.
Reformation s. Luther.
Reichsverfassung, Die neue R. Von Privb.-Doz. Dr. O. Bühler. (Bd. 762.)
Renaissance, Die R. Von Privatboz. Dr. A. von Martin. (Bd. 730.)
Restauration u. Rev. s. Geschichte, dtsche.
Revolution. Geschichte der Französ. R. V. Prof. Dr. Th. Bitterauf. 2. Aufl. Mit 8 Bildn. (Bd. 346.)
— 1848. 6 Vorträge. Von Prof. Dr. O. Weber. 4. Aufl. (Bd. 53.)

Verzeichnis der bisher erschienenen Bände innerhalb der Wissenschaften alphabetisch geordnet

Rom. Das alte Rom. Von Geh. Reg.-Rat Prof. Dr. O. Richter. Mit Bilderanhang u. 4 Plänen. (Bd. 386.)
— Geschichte der römischen Republik. Von Privatdoz. Dr. A. Rosenberg. (838.)
— Soziale Kämpfe i. alt. Rom. V. Privatdozent Dr. L. Bloch. 4. Aufl. (Bd. 22.)
Rußland. Geschichte, Staat, Kultur. Von Dr. A. Luther. (Bd. 563.)
Schrift- und Buchwesen in alter und neuer Zeit. Von Geh. Studienr. Dr. O. Weise. 4. Aufl. Mit 37 Abb. (Bd. 4.)
— s. a. Buch. Wie ein B. entsteht. Abt. VI.
Schweiz, Die. Land, Volk, Staat u Wirtschaft. Von Regierungsrat Dr. O. Wettstein. Mit 1 Karte. (Bd. 482.)
Seekrieg s. Kriegsschiff.
Slawen. Die S. Von Prof. Dr. P. Diels. (Bd. 740.)
Soziale Bewegungen und Theorien bis zur modernen Arbeiterbewegung. Von G. Maier. 8. Aufl. (Bd. 2.)
— s. a. Marx, Rom; Sozialism. Abt. VI.
Staat. St. u. Kirche in ihr. gegenj. Verhältnis seit d. Reformation. B. Pfarrer Dr. phil. A. Pfannkuche. (Bd. 485.)
— siehe auch Verfassung, Volk.
Stadt. Dtsche. Städte u. Bürger i. Mittelalter. V. Geh. Reg.-Rat Oberschulrat Dr. B. Heil. 4. Aufl. (Bd. 43.)
— Verfassung u. Verwaltung d. deutschen Städte. B. Dr. M. Schmid. (Bd. 466.)
Sternglaube und Sterndeutung. Die Geschichte u. d. Wesen d. Astrologie. Unt. Mitwirk. v. Geh. Rat Prof. Dr. C. Bezold dargest. v. Geh. Hofr. Prof. Dr. Fr. Boll. 2. A. M. 1 Sterntaf. u. 20 Abb. (638.)
Student. Der Leipziger, von 1409 bis 1909. Von Dr. W. Bruchmüller. Mit 25 Abb. (Bd. 273.)
Studententum. Geschichte d. deutschen St. Von Dr. W. Bruchmüller. (Bd. 477.)
Südamerika s. Amerika.
Türkei, Die. V. Reg.-Rat P. R. Krause. Mit 2 Karten. 2. Aufl. (Bd. 469.)
Urzeit s. german. Kultur in der U.
Verfassung. Die neue Reichsverfassung. Von Privatdoz. Dr. O. Bühler. (762.)

Verfassung. Deutsches Verfassungsrecht i. geschichtlicher Entwicklung. Von Prof. Dr. Ed. Hubrich. 2. Aufl. (Bd. 80.)
— Deutsche Verfassungsgeschichte v. Anfange d. 19. Jahrh. bis zur Gegenw. Von Prof. Dr. M. Stimming. (639.)
— s. a. Steuern, d. neuen. Abt. VI.
Vermessungs- u. Kartenkunde s Kartent.
Volk. Vom deutschen B. zum dt. Staat. Eine Gesch. d. dt. Nationalbewußtseins. Von Prof. Dr. V. Joachimsen. 2. Aufl. (Bd. 511.)
Völkerkunde, Allgemeine. I: Feuer, Nahrungserwerb, Wohnung, Schmuck und Kleidung. Von Dr. A. Heilborn. M. 54 Abb. (Bd. 487.) II: Waffen u. Werkzeuge, Industrie, Handel u. Geld, Verkehrsmittel. Von Dr. A. Heilborn. M. 51 Abb. (Bd. 488.) III: Die geistige Kultur der Naturvölker. Von Prof. Dr. K. Th. Preuß. M. 9 Abb (Bd. 452.)
Volksbräuche, deutsche, siehe Feste.
Volkskunde, Deutsche, im Grundriß. Von Prof. Dr. C. Reuschel. I. Allgemeines, Sprache, Volksbild. II. Glaube, Brauch, Kunst u. Recht. (Bd. 644/645.)
— s. auch Bauernhaus, Feste, Sternglaub., Volkstracht., Volksstämme.
Volksstämme, die deutschen, u. Landschaften. V. Geh. Studr. Dr. O. Weise. 5. Afl. Mit 30 Abb. i. T. u. auf 20 Taf. u. 1 Dialettkarte Deutschlands. (Bd. 16.)
Volkstrachten, Deutsche. Von Pfarrer K. Spieß. Mit 11 Abb. (Bd. 342.)
Vorgeschichte Europas. Von Prof. Dr. H. Schmidt. (Bd. 571/572.)
Wiener Kongreß. Von Jena b. M. R. Von Prof. Dr. G. Roloff. (Bd. 465.)
Wirtschaftsgeschichte, Antike. V. Dr. O. Neurath. 2., umg. Aufl. (Bd. 258.)
— Vom Ausgange d. Antike bis zum Beginn b. 19. Jahrhunderts. (Mittlere Wirtschaftsgeschichte.) Von Prof. Dr. H. Sieveking. (Bd. 466.)
— s. a Antikes Leben n. d. ägypt. Papyri.
Wirtschaftsleben, Deutsches. Auf geogr. Grundl. gesch V. Prof. Dr. Chr. Gruber. 4. Aufl. V. Dr. H. Reinlein. (42.)
— s. auch Abt. VI.

V. Mathematik, Naturwissenschaften und Medizin.

Aberglaube. Der, in der Medizin u. s. Gefahr f. Gesundh. u. Leben. V. Geh. Medizinalrat Prof. Dr. D. v. Hansemann. 2. Aufl. (Bd. 83.)
Abstammungs- und Vererbungslehre. Experimentelle. Von Prof. Dr. E. Lehmann. 2. Aufl. Mit 26 Abb. (Bd. 379.)
Abstammungslehre u. Darwinismus. V. B. Dr. R. Hesse. 5. A. M. 40 Abb. (Bd. 39.)
Abwehrkräfte des Körpers, Die. Eine Einführung in die Immunitätslehre. Von Prof. Dr. med. H. Kämmerer. 2. verb. Aufl. Mit 52 Abbildungen. (Bd. 479.)
Algebra siehe Arithmetik.
Alkoholismus. Der. V. Privatdoz. Dr. G. B. Gruber. 2. verb. A. M. 7 Abb. (103.)

Anatomie d. Menschen. D. V. Hofrat Prof. Dr. K. v. Bardeleben. 6 Bde. Jeder Bd m. zahlr. Abb. (Bd. 418/423.) I. Zelle und Gewebe, Entwicklungsgeschichte. Der ganze Körper. 3. Aufl. II Das Skelett. 3. Aufl. III. Muskel- u. Gefäßsystem. 3. umg Aufl. IV. Die Eingeweide (Darm-, Atmungs-, Harn- und Geschlechtsorgane, Haut). 3. Aufl. V. Nervensystem und Sinnesorgane. 2. Aufl. VI. Mechanik (Statik u. Kinetik) d. menschl. Körpers (der Körper in Ruhe u. Bewegung.) 2. Aufl.
— siehe auch Wirbeltiere.
Aquarium, Das. Von E. W. Schmidt. Mit 15 Fig. (Bd. 335.)

Geschichte, Kulturgeschichte und Geographie — Mathematik, Naturwissenschaften und Medizin

Arbeitsleistungen des Menschen, Die. Einführ. in d. Arbeitsphysiologie. V. Prof. Dr. H. Boruttau. M. 14 Fig. (Bd. 539.)
— **Berufswahl,** Begabung u. Arbeitsleistung in i. gegens. Bezieh. V. W. J. Ruttmann. 2. Aufl. M. 7 Abb. (522.)
Arithmetik und Algebra zum Selbstunterricht. V. Geh. Studr. P. Crantz. 2 Bde. I.: Die Rechnungsarten. Gleichungen 1. Grades mit einer u. mehreren Unbekannten. Gleichungen 2. Grades. 7. Aufl. M. 9 Fig. i. Text. II.: Gleichungen, Arithmetik u. geometrische Reih. Zinseszins- u. Rentenrechn. Komplexe Zahlen. Binomischer Lehrsatz. 5. Aufl. Mit 21 Textfig. (Bd. 120, 205.)
Arzneimittel und Genußmittel. Von Prof. Dr. O. Schmiedeberg. (Bd. 363.)
Astronomie. Die A. in ihrer Bedeutung für das praktische Leben. Von Prof. Dr. A. Marcuse. 2. Afl. M. 26 Abb. (378.)
— **Das astronomische Weltbild im Wandel der Zeit.** Von Prof. Dr. S. Oppenheim. I. Vom Altertum bis zur Neuzeit. 3. Afl. M. 18 Abb. i. T. (Bd. 444.) II. Mod. Astronomie. 2. Aufl. Mit 9 Fig. i. T. u. 1 Taf. (Bd. 445.)
— siehe auch **Mond, Planeten, Sonne, Weltall, Sternglaube.** Abt. 1.
Atome s. **Materie.**
Auge, Das, und die Brille. Von Prof. Dr. M. v. Rohr. 2. Aufl. Mit 84 Abb. u. 1 Lichtdrucktafel. (Bd. 372.)
Ausgleichungsrechn. s. **Kartenkbe.** Abt. IV.
Bakterien, Die, im Haushalt und der Natur des Menschen. Von Prof Dr. E. Gutzeit. 2 Aufl. Mit 13 Abb. (242.)
— **Die krankheiterregenden Bakterien.** Grundtatsachen d. Entsteh., Heilung u. Verhütung b. bakteriellen Infektionskrankheiten b. Menschen. V. Prof. Dr. M. Loehlein. 2. Afl. M. 33 Abb. (Bd. 307.)
— [a. **Abwehrkräfte, Desinfektion, Pilze, Schädlinge.**
Bau u. Tätigkeit d. menschl. Körpers. Einf. in die Physiologie b. Menschen. V. Prof. Dr. H. Sachs. 4. A M. 34 Abb. (Bd. 32.)
Befruchtung und Vererbung. Von Dr. E. Teichmann 3. Aufl. M 3 Abb. (70.)
Bienen und Bienenzucht. Von Prof. Dr. E. Zander. Mit 41 Abb. (Bd. 705.)
Biochemie. Einführung in die B. in elementarer Darstellung. Von Prof. Dr. M. Löb. Mit 12 Fig. 2. Aufl. v. Prof. Dr. H. Friedenthal. (Bd. 352.)
Biologie, Allgemeine. Einführ. i. d. Hauptprobleme d. organ. Natur. V. Prof. H. Miehe. 3. A. M. 44 Abb. (Bd. 130.)
—, **Experimentelle.** Regeneration, Transplantat. u. verwandte Gebiete. V. Dr. E. Thesing. M. 1 Taf. u. 69 Textabb. (337.)
— siehe a. **Abstammungslehre, Bakterien, Befruchtung, Fortpflanzung, Lebewesen, Organismen, Schädlinge, Tiere, Urtiere.**

Blumen. Unsere Bl. u. Pflanzen im Garten. Von Prof. Dr. U. Dammer. Mit 69 Abb. (Bd. 360.)
— **Unsf Bl u. Pflanzen i. Zimmer.** V. Prof. Dr. U Dammer. M. 65 Abb. (Bd. 359.)
Blut. Herz, Blutgefäße und Blut und ihre Erkrankungen. Von Prof. Dr. H. Rosin. Mit 18 Abb. (Bd. 312.)
Botanik. B. d. praktischen Lebens. V. Prof. Dr P Gisevius. M. 24 Abb. (Bd. 173.)
— siehe **Blumen, Lebewesen, Pflanzen, Pilze, Schädlinge, Tabak, Wald; Kolonialbotanik,** Abt. VI.
Brille s. **Auge u. d. Brille.**
Chemie. Einführung in die allg. Ch. V. Studienrat Dr. B. Babink. 2. Aufl. Mit 21 Fig (Bd. 582.)
— **Einführg. i. d. organ. Chemie:** Naturl. u. künstl. Pflanz.- u. Tierstoff. V. Studienrat Dr. B. Babink. 2. A. 9 Abb. (187.)
— **Einführ. i. d. anorgan. Chemie.** Von Studr. Dr. B. Babink. M. 31 Abb. (598.)
— **Einführung i. d. analyt. Chemie.** V. Dr. F. Rüsberg. I. Gang u. Theorie d. Analyse Mit 15 Fig. II. D. Reaktionen Mit 4 Fig. (524, 525.)
— **Die künstliche Herstellung von Naturstoffen.** V. Prof. Dr. E. Rüst. (Bd. 674.)
— **Ch. in Küche und Haus.** Von Dr. J. Klein. 4. Aufl. (Bd. 76.)
— siehe a. **Biochemie, Elektrochemie, Luft, Photoch., Radium; Agrikulturch., Farben, Sprengstoffe, Technik, Chem. Abt. VI.**
Chirurgie, Die, unserer Zeit. Von Prof. Dr J Feßler. Mit 52 Abb. (Bd. 339.)
Darwinismus. Abstammungslehre und D. Von Prof. Dr. R. Hesse. 5. Aufl. Mit 40 Textabb. (Bd. 39.)
Desinfektion, Sterilisation und Konservierung. Von Reg.- u. Med.-Rat Dr. O. Solbrig. M 20 Abb. i. T (Bd. 401.)
Differentialrechnung unter Berücksichtig. b. prakt. Anwendung in der Technik mit zahlr. Beispielen u. Aufgaben versehen. Von Studienrat Dr. M. Lindow. 3. A. M. 45 Fig. i. Text u. 161 Aufg. (387.)
Differentialgleichungen. Von Studienrat Dr. M. Lindow. (Bd. 589.)
Dynamik s. **Mechanik, Thermodynamik.**
Eiszeit, Die, u. der vorgesch. Mensch. Von Geh Bergr. Prof. Dr. G. Steinmann. 2 Aufl. Mit 24 Abb. (Bd. 302.)
Elektrochemie u. ihre Anwendungen. Von Prof. Dr. K. Arndt. 2. Aufl. Mit 37 Abb. i. T. (Bd. 234.)
Elektrotechnik, Grundlagen der E. Von Oberingenieur A. Rotth. 3. Afl. (391.)
Energie. D. Lehre v. d. E. V. Prof. Oberlehr. A. Stein. 2. A. M. 13 Fig. (Bd. 257.)
Entwicklungsgeschichte d. Menschen. V. Dr. A. Heilborn. 2. Aufl. Mit 61 Abb. (Bd. 388.)
Ernährung und Nahrungsmittel. Von Geh. Reg.-Rat Prof. Dr. N. Zuntz. 3. Afl. Mit 6 Abb. i. T. u. 2 Taf. (19.)
Experimentalchemie s. **Luft usw.**
Experimentalphysik s. **Physik.**

9

Verzeichnis der bisher erschienenen Bände innerhalb der Wissenschaften alphabetisch geordnet

Farben s. Licht u. F.; s. a. Farben Abt. VI.
Festigkeitslehre. V. Gewerbeschulrat Baugewerkschuldir. Reg.-Baum. A. Schau. 2. Aufl. Mit 119 Figur. (Bd. 829.)
— siehe auch Mechanik, Statik.
Flechten siehe Pilze.
Fortpflanzung. F. und Geschlechtsunterschiede d. Menschen. Eine Einführung in die Sexualbiologie. V Prof. Dr. H. Boruttau. 2. Aufl. M. 39 Abb. (Bd. 540.)
Garten. Der Kleing. Von Fachlehrer für Gartenb. u. Kleintierz. Joh. Schneider. 2. Aufl. Mit 80 Abb. (Bd. 498.)
— s. a. Blumen, Pflanzen; Gartenkunst Abt. IV, Gartenstadtbewegung Abt. VI.
Geisteskrankheiten. Von Geh. Med.-Rat Dir. Dr. G. Ilberg. 2. Aufl. (151.)
Genußmittel siehe Arzneimittel u. Genußmittel; Tabak Abt. VI.
Geographie s. Abt. IV.
— Math. G. s. Erdk. Abt. IV.
Geologie, Allgemeine. V. Geh. Bergr. Prof. Dr. Fr. Frech. 6 Bde. (Bd. 207/211 u. Bd. 61.) I.: Vulkane einst und jetzt. 3. Aufl. M. Titelbild u. 78 Abb. II.: Gebirgsbau und Erdbeben. 3., wes. erw. Aufl. M. Titelbild u. 57 Abb. III.: Die Arbeit des fließenden Wassers. 3. Aufl. M. 56 Abb. IV.: Die Bodenbildung, Mittelgebirgsformen u. Arbeit des Ozeans. 3., wes. erw. Aufl. Mit 1 Titelbild u. 68 Abb. V. Steinkohle, Wüsten u. Klima der Vorzeit. 3. Aufl. Von Dr. C. W. Schmidt. M. 39 Abb. VI. Gletscher einst u. jetzt. 3. Aufl. M. 46 Abb. i. T.
— s. a. Kohlen, Salzlagerstätt. Abt. VI.
Geometrie. Analyt. G. d. Ebene z. Selbstunterricht. V. Geh. Studr. V. Crantz. 2. Aufl. Mit 55 Fig. (Bd. 504.)
— Einführung i. d. darstellende Geometr. Von Prof. V. V. Fischer. (Bd. 541.)
— Geom. Zeichnen. Von akad. Zeichenl. A. Schubeisky. Mit 172 Abb. i. Text u. a. 12 Taf. (Bd. 568.)
— s. auch Planimetrie, Trigonometrie.
Geomorphologie s. Erdkunde Abt. IV.
Geschlechtskrankheiten, Die, ihr Wesen, ihre Verbreitg., Bekämpfg. u. Verhütg. Für Gebildete aller Stände bearb. v. Generalarzt Prof. Dr. W. Schumburg. 5. A. Mit 4 Abb. u. 1 mehrfarb. Taf. (251.)
Geschlechtsunterschiede s. Fortpflanzung.
Gesundheitslehre. V. Prof. Dr. H. Buchner. 4. Aufl. Von Obermed.-Rat Prof. Dr. M. v. Gruber. M. 26 Abb. (Bd. 1.)
— G. für Frauen. Von Dir. Prof. Dr. K. Vaisch. 2. Aufl. M. 11 Abb. (538.)
— Wie erhalte ich Körper und Geist gesund? Von Geh. Sanitätsrat Prof. Dr. F. A. Schmidt. (Bd. 600.)
— s. Abwehrkräfte, Bakterien, Leibesüb.
Graph. Darstellung, Die. V. Hofrat Prof. Dr. F. Auerbach. 2. Aufl. Mit 139 Figuren. (Bd. 487.)

Graphisches Rechnen. Von Oberlehrer O. Prölß. Mit 164 Fig. i. T. (Bd. 708.)
Haushalt siehe Bakterien, Chemie, Desinfektion, Naturwissenschaften, Physik.
Haustiere. Die Stammesgeschichte unserer H. Von Prof. Dr. C. Keller. 2. Aufl. Mit 29 Abb. i. Text. (Bd. 252.)
— s. a. Kleintierzucht, Tierzüchtg. Abt. VI.
Herz, Blutgefäße und Blut und ihre Erkrankungen. Von Prof. Dr. H. Rosin. Mit 18 Abb. (Bd. 312.)
Hygiene s. Schulhygiene, Stimme.
Hypnotismus und Suggestion. Von Dr. E. Trömner. 3. Aufl. (Bd. 199.)
Immunitätslehre s. Abwehrkräfte d. Körp.
Infinitesimalrechnung. Einführung in die J. V. Prof. Dr. G. Kowalewski. 3. Aufl. Mit 19 Fig. (Bd. 197.)
Integralrechnung unter Berücksichtigung der praktischen Anwendung in der Technik mit zahlr. Beisp. und Aufgaben verf. Von Studienrat Dr. M. Lindow. 2. Aufl. M. 43 Fig. u. 200 Aufg (673.)
Kalender, Der. Von Prof. Dr. W. F. Wislicenus. 2. Aufl. (Bd. 69.)
Kälte, Die. Wesen, Erzeug. u. Verwert. Von Dr. H. Alt. 45 Abb. (Bd. 311.)
Kaufmännisches Rechnen s. Abt. VI.
Kinematographie s. Abt. VI.
Konservierung siehe Desinfektion.
Korallen u. and. gesteinbild. Tiere. V. Prof. Dr. W. May. Mit 45 Abb. (Bd. 231.)
Kosmetik. Ein kurzer Abriß der ärztlichen Verschönerungskunde. Von Dr. J. Saubet. Mit 10 Abb. im Text. (Bd. 489.)
Landmessung f. Kartenkunde Abt. IV.
Lebewesen. Die Beziehungen der Tiere und Pflanzen zueinander. Von Prof. Dr. K. Kraepelin. 2. Aufl. I. Der Tiere zueinander. M. 64 Abb. II. Der Pflanzen zueinander u. zu d. Tieren Mit 68 Abb. (Bd. 426/427.)
— s. a. Biologie, Organismen, Schädlinge.
Leib und Seele in ihrem Verhältnis zueinander. Von Dr. phil. et med. G. Sommer. (Bd. 702.)
Leibesübungen, Die, und ihre Bedeutung für die Gesundheit. Von Prof. Dr. R. Zander. 4. Aufl. M. 20 Abb. (13.)
— s. auch Sport, Turnen.
Licht, das, u. d. Farben. Einführung in die Optik. Von Prof. Dr. L. Graetz. 4. Aufl. Mit 100 Abb. (Bd. 17.)
Luft, Wasser, Licht und Wärme. Neun Vorträge aus d. Gebiete d. Experimentalchemie. V. Geh. Reg.-Rat Dr. R. Blochmann. 4. Aufl. M. 115 Abb. (Bd. 5.)
Luftstickstoff, D., u. s. Verwertg. V Prof. Dr. K. Kaiser. 2. A. M. 13 Abb. (313.)
Maße und Messen. Von Dr. W. Block. Mit 34 Abb. (Bd. 385.)
Materie, Das Wesen d. M. V. Prof. Dr. G. Mie. I. Moleküle und Atome. 4. A. Mit 25 Abb. II. Weltäther und Materie. 4. Aufl. Mit Fig. (Bd. 58/59.)

Mathematik, Naturwissenschaften und Medizin

Mathematik. Einführung in die Mathematik. Von Studienrat W. Mendelssohn. Mit 42 Fig. (Bd. 503.)
— **Math. Formelsammlung.** Ein Wiederholungsbuch der Elementarmathematik. Von Prof. Dr. S. Jacobi. I. Arithmetik u. Algebra. II. Geometrie. (646/47.)
— **Naturwissenschaft, Mathem. u. Medizin i. klass. Altertum.** V. Prof. Dr. Joh. L. Heiberg. 2. Aufl. M. 2 Fig. (370.)
— **Praktische M.** Von Prof. Dr. R. Neuendorff. I. Graphische Darstellungen. Verkürztes Rechnen. Das Rechnen mit Tabellen. Mechanische Rechenhilfsmittel. Kaufmännisches Rechnen i. tägl. Leben. Wahrscheinlichkeitsrechnung. 2., verb. A. M. 29 Fig. i. T. u. 1 Taf. II. Geom. Zeichnen. Projektionsl. Flächenmessung. Körpervermessung. M. 133 Fig. (341, 526.)
— **Mathemat. Spiele.** V. Dr. W. Ahrens. 4. Aufl. Mt. Titelb. u. 78 Fig. (Bd. 170.)
— f. a. Arithmetik, Differentialgleichung, Differentialrechnung, Vektorrechnung, Geometrie, Graphisches Rechnen, Infinitesimalrechnung, Integralrechnung, Perspektive, Planimetrie, Projektionslehre, Spiele, Trigonometrie.

Mechanik. V. Prof. Dr. G. Hamel. 3 Bde. I. Grundbegriffe der M. Mit 38 Fig. II. M. b. festen Körper. III. M. d. flüff. u. luftförm. Körper. (Bd. 684/686.)
— **Aufgaben aus d. techn. Mechanik** für den Schul- u. Selbstunterricht. V. Prof. R. Schmitt. I. Statik u. Festigkeitsl. 2. Aufl. Aufg. u. Lös. II. Dynamik u. Hydraulik. 140 Aufgab. u. Lösung. m. zahlr. Figur. i. Text. (Bd. 558, 559.)
— siehe auch Statik, Festigkeitslehre.

Medizin i. klass. Altertum f. Mathematik.

Meer. Das M., f. Erforsch. u. f. Leben. Von Prf. Dr. O. Janson. 3. A. M. 40 F. (Bd. 30.)

Mensch u. Erde. Skizzen v. d. Wechselbezieh. zwischen beiden. V. Geh. Reg.-Rat Prof. Dr. A. Kirchhoff. 4. Aufl. (Bd. 81.)
— **Natur u. Mensch** siehe Natur.
— f. a. Anatomie, Entwicklungsgesch., Urzeit.

Menschl. Körper. Bau u. Tätigkeit d. menschl. K. Einführ. i. d. Physiol. d. M. V. Prof. Dr. H. Sachs. 4. Aufl. M. 34 Abb. (32.)
— f. auch Anatomie, Arbeitsleistungen, Auge, Blut, Fortpflanzg., Herz, Nervensystem, Sinne, Verbindungen.

Mikroskop, Das. Seine wissenschaftlichen Grundlagen und seine Anwendung. Von Dr. A. Ehringhaus. Mit 76 Abb. (Bd. 678.)

Mikrotechnik, Einführung in die M. Von Dr. V. Franz und Dr. H. Schneider. (Bd. 765.)

Moleküle f. Materie.

Mond, Der. Von Prof. Dr. J. Franz. 2. Aufl. Mit 34 Abb. (Bd. 90.)

Nahrungsmittel f. Ernährung u. N.

Natur u. Mensch. V. Direkt. Prof. Dr. M. G. Schmidt. Mit 19 Abb. (Bd. 458.)

Naturlehre. Die Grundbegriffe der modernen N. Einführung in die Physik. Von Hofrat Prof. Dr. F. Auerbach. 4. Aufl. Mit 71 Fig. (Bd. 40.)

Naturphilosophie. Von Prof. Dr. J. M. Verweyen. 2. Aufl. (Bd. 491.)

Naturwissenschaft. Religion und N. in Kampf u. Frieden. V. Pfarrer Dr. A. Pfannkuche. 2. Aufl. (Bd. 141.)
— **N. und Technik.** Am sausenden Webstuhl d. Zeit. Übersicht üb. d. Wirkungen d. Naturw. u. Technik i. d. ges. Kulturleben. V. Geh. Reg.-Rat Prof. Dr. W. Launhardt. 3. Afl. M. 3 Abb. (23.)
— **N., Math. u. Medizin i. klass. Altertum.** V. Prof. Dr. J. L. Heiberg. 2. Aufl. Mit 2 Fig. (Bd. 370.)

Nerven. Vom Nervensystem, sein. Bau u. sein. Bedeutung für Leib u. Seele im gesund. u. krank. Zustande. V. Prof. Dr. Bander. 3. Aufl. M. 27 Abb. (Bd. 48.)
— siehe auch Anatomie.

Optik. Die opt. Instrumente. Lupe, Mikroskop, Fernrohr, photogr. Objektiv u. ihnen verwandte Instr. V. Prof. Dr. M. v. Rohr. 3. Aufl. M. 89 Abb. (88.)
— siehe auch Auge, Kinemat., Licht u. Farbe, Mikrosk., Spektroskopie, Strahlen.

Organismen. D. Welt d. O. In Entwickl. u. Zusammenh. dargest. V. Oberstudienr. Prof. Dr. K. Lampert. M. 52 Abb. (236.)

Paläozoologie siehe Tiere der Vorwelt.

Perspektive, Die. Grundzüge d. P. nebst Anwendg. V. Prof. Dr. K. Doehlemann. 2. verb. Afl. M. 91 Fig. u. 11 Abb. (510.)

Pflanzen. Die fleischfress. Pfl. V. Prof. Dr. A. Wagner. Mit 82 Abb. (Bd. 344.)
— **Unf. Blumen u. Pfl. i. Garten.** V. Prof. Dr. U. Dammer. M. 69 Abb. (Bd. 360.)
— **Unf. Blumen u. Pfl. i. Zimmer.** V. Prof. Dr. U. Dammer. M. 65 Abb. (Bd. 359.)
— **Werdegang u. Züchtungsgrundlagen d. landw. Kulturpflanzen.** V. Prof. Dr. A. Bade. Mit Abb. (Bd. 766.)
— f. auch Botanik, Garten, Lebeweisen, Pilze, Schädlinge, Tabak; Kolonialbotanik. Abt. VI.

Pflanzenphysiologie. V. Dir. Prof. Dr. H. Molisch. Mit 63 Fig. (Bd. 569.)

Photochemie. V. Prof. Dr. G. Kümmell. 2. Afl. M. 23 Abb. i. T. u. a. 1 Taf. (227.)

Photogrammetrie f. Kartenkunde Abt. IV.

Photographie f. Abt. VI.

Physik. Werdegang d. mod. Ph. V. Studienr. Dr. H. Keller. M. 13 Fig. (343.)
— **Experimentalphysik. Gleichgewicht u. Bewegung.** Von Geh. Reg.-Rat. Prof. Dr. R. Börnstein. M. 90 Abb. (371.)
— **Physik. Ph. i. Küche u. Haus.** V. Studienr. H. Speitkamp. 2. Aufl. Mit 54 Abb. (Bd. 478.)
— **Große Physiker.** Von Prof. Dr. F. A. Schulze. 2. Aufl. Mit 6 Bildn. (324.)
— f. a. Energie, Materie, Mechanik, Optik, Relativitätstheorie, Wärme.

Verzeichnis der bisher erschienenen Bände innerhalb der Wissenschaften alphabetisch geordnet

Pilze, Die. Von Dr. A. Eichinger. Mit 64 Abb. (Bd. 334.)
— **Pilze und Flechten.** Von Dr. W. Nienburg. (Bd. 675.)
— s. auch Bakterien.
Planeten, Die. Von Prof. Dr. B. Peter. 2. Aufl. Von Observator Dr. H. Naumann. Mit 16 Fig. (Bd. 240.)
Planimetrie z. Selbstunterr. B. Geh. Studr. P. Crantz. 2. Aufl. M. 94 Fig. (340.)
Praktische Mathematik. s. Mathematik.
Projektionslehre. In kurzer leichtfaßlicher Darstellung f. Selbstunterr. u. Schulgebr. Von akad. Zeichenl. A. Schudeisky. Mit 208 Abb. i. Text. (Bd. 564.)
Psychopathologie siehe Seelenleben.
Radium, Das, u. d. Radioaktivität. Von Prof. Dr. M. Centnerszwer. 2. Afl. Mit 33 Abbildungen. (Bd. 405.)
Rechenmaschinen, Die, und das Maschinenrechnen. Von Reg.-Rat Dipl.-Ing. K. Lenz. Mit 43 Abb. (Bd. 490.)
Rechenvorteile. Lehrbuch der R. Schnellrechnen und Rechenkunst. Von Ing. Dr. F. Bojko. M. zahlr. Übungsbeisp. (739.)
Relativitätstheorie. Einführ. in die. 2. vrb. Aufl. M. 18 Fig. V. Dr. W. Bloch. (618.)
Röntgenstrahlen, D. R. u. ihre Anwendg. V. Dr. med. G. Buchy. M. 85 Abb. i. T. u. auf 4 Tafeln. (Bd. 556.)
Säuglingspflege. Von Dr. E. Kobrak. Mit 20 Abb. (Bd. 154.)
Schachspiel, Das, und seine strategischen Prinzipien. V. Dr. M. Lange. 3. Aufl. Mit 2 Bildn., 1 Schachbrettafel u. 43 Diagrammen. (Bd. 281.)
Schädlinge, Die, im Tier- u. Pflanzenreich u. i. Bekämpf. V. Geh. Reg.-Rat Prof. Dr. K. Eckstein. 3. A. M. 36 Fig. (18.)
Schnellrechnen s. Rechenvorteile.
Schulhygiene. Von Reg.-Rat Prof. Dr. L. Burgerstein. 4. Aufl. Mit 24 eingedr. Abb. (Bd. 96.)
Seelenleben. Die krankhaften Erscheinungen des S. Allg. Psychopathologie. Von Dr. phil. et med. E. Stern. (764.)
Sexualbiologie s. Fortpflanzung.
Sexualethik. V. Prof. Dr. H. E. Timerding. (Bd. 592.)
Sinne d. Mensch., D. Sinnesorgane u. Sinnesempfindungen. V. Hofrat Prof. Dr. J. Kreibig. 3. Aufl. M. 30 Abb. (27.)
Sonne, Die. Von Prof. Dr. A. Krause. Mit 64 Abb. (Bd. 357.)
Spektroskopie. Von Prof. Dr. L. Grebe. 2. A. M. 63 Fig. i. T. u. a. 2 Doppelt. (284.)
Spiele. Führer durch die Welt der Sp. Von Dir. Pastor F. Jahn. (Bd. 758.)
— — s. auch Mathem. Spiele, Schachspiel.
Sport. Von Generalsekr. C. Diem. Mit 1 Titelb. u. 4 Spielpl. i. T. (Bd. 551.)
Sprache. Die menschliche Sprache. Ihre Entwicklung beim Kinde, ihre Gebrechen und deren Heilung. Von Lehrer K. Nickel. Mit 4 Abb. (Bd. 586.)

Sprache s. a. Rhetorik, Sprache. Abt. III.
Statik. P. Gewerbeschulrat Baugewerkschulbir. Reg.-Baum. A. Schau. 2. A. Mit 112 Figur. (Bd. 828.)
— siehe auch Festigkeitslehre, Mechanik.
Sterilisation siehe Desinfektion.
Stickstoff s. Luftstickstoff.
Stimme. Die menschl. St. u. ihre Hygiene. V. Geh. Med.-Rat Prof. Dr. P. H. Gerber. 3. Aufl. M. 21 Abb. (136.)
Strahlen. Sichtbare u. unsichtb. St. Von Geh. Reg.-Rat Prof. Dr. R. Börnstein. 3. Aufl. v. Prof. Dr. E. Regener. Mit 71 Abb. (Bd. 64.)
Suggestion. Hypnotismus und Suggestion. V. Dr. E. Trömner. 3. Aufl. (Bd. 199.)
Süßwasser-Plankton, Das. V. Prof. Dr. O. Zacharias. 2. A. 57 Abb. (Bd. 156.)
Tabak, Der. Von Jak. Wolf. 2. Aufl. Mit 17 Abb. i. T. (Bd. 416.)
Thermodynamik s. Abt. VI.
Tiere. T. der Vorwelt. Von Prof. Dr. O. Abel. Mit 31 Abb. (Bd. 399.)
— **Die Fortpflanzung der T.** B. Prof. Dr. R. Goldschmidt. Mit 77 Abb. (Bd. 253.)
— **Lebensbedingungen und Verbreitung der Tiere.** Von Prof. Dr. O. Maas. Mit 11 Karten und Abb. (Bd. 139.)
— **Zwiegestalt der Geschlechter in der Tierwelt (Dimorphismus).** Von Dr. Fr. Knauer. Mit 37 Fig. (Bd. 148.)
— s. Aquarium, Batterien, Bienen, Haustiere, Korallen, Lebewef., Schädlinge, Urtiere, Vogelleb., Vogelzug, Wirbeltiere.
Tierzucht siehe Abt. VI: Kleintierzucht, Tierzüchtung.
Trigonometrie. Ebene, z. Selbstunterr. B. Geh. Studienr. P. Crantz. 3. Aufl. Mit 50 Fig. (Bd. 431.)
— **Sphärische Tr. z. Selbstunterr.** Von Geh. Studienr. P. Crantz. Mit 27 Figur. (Bd. 605.)
Tuberkulose, Die, Wesen, Verbreitung, Ursache, Verhütung und Heilung. Von Generalarzt Prof. Dr. W. Schumburg. 3. Aufl. M. 1 Taf. u. 8 Fig. (Bd. 47.)
Turnen. Von Prof. F. Eckardt. Mit 1 Bildnis Jahns. (Bd. 583.)
— s. auch Leibesübungen.
Urtiere, Die. V. Prof. Dr. R. Goldschmidt. 2. A. M. 44 Abb. (Bd. 160.)
Urzeit, Der Mensch d. U. Vier Vorlesungen aus der Entwicklungsgeschichte des Menschengeschlechts. Von Dr. A. Heilborn. 3. Aufl. M. 47 Abb. (Bd. 62.)
Vektorrechnung. Einf. i. d. V. Von Prof. Dr. F. Jung. (Bd. 668.)
Verbildungen, Körperl., i. Kindesalt. u. ihre Verh. V. Dr. M. David. M. 26 Abb. (921.)

12

Vererbung. Exp. Abstammgs.- u. V.-Lehre. Von Prof. Dr. E. Lehmann. 2. Aufl. Mit 27 Abbildungen. (Bd. 379.)
— **Geistige Veranlagung u. V.** B. Dr. phil. et med. G. Sommer. 2. Aufl. (512.)
— siehe auch Befruchtung.

Vogelleben, Deutsches. Zugleich als Exkursionsbuch für Vogelfreunde. V. Prof. Dr. A. Voigt. 2. Aufl. (Bd. 221.)

Vogelzug und Vogelschutz. Von Dr. W. R. Eckardt. Mit 6 Abb. (Bd. 218.)

Wald, Der dtsche. V. Prof. Dr. H. Hausrath. 2. A M. Bilderanh. u. 2 K. (153.)

Wärme, Die Lehre v. d. W. V. Geh. Reg.-Rat Prof Dr. R. Börnstein. M. 33 Abb. 2. Aufl. v. Prof. Dr. A. Wigand. (172.)
— f. a. Luft; Wärmekraftmasch., Wärmelehre, techn. Thermodynamik Abt. VI.

Wasser, Das. Von Geh. Reg.-Rat Dr. O. Anselmino. Mit 44 Abb. (Bd. 291.)

Wehrwolf, D. dtsche. V. Forstmstr.-G. Frhr. v. Nordenflycht. M. Titelb.(Bd.436.)

Weltall. Der Bau des W. Von Prof. Dr. J. Scheiner. 5. Aufl. Von Observ. Prof. Dr. P. Guthnick. M. 28 Fig. (24.)

Weltäther f. Materie.

Weltbild. Das astronomische W. im Wandel der Zeit. Von Prof. Dr. S. Oppenheim. I. B. Altertum bis z. Neuzeit. 3. Aufl. Mit 19 Abb. II. Moderne Astronomie. 2. Aufl. Mit 9 Fig. i. Text u. 1 Taf. (Bd. 444/45.)
— siehe auch Astronomie.

Weltentstehung. Entstehung d. W. u. d. Erde nach Sage u. Wissensch. V. Prof. Dr. M. B. Weinstein. 3. Aufl. (Bd. 223.)

Weltuntergang in Sage und Wissenschaft. Von Prof. Dr. S. Oppenheim u. Prof. Dr. K. Ziegler. (Bd. 720.)

Wetter, Unser W. Einführ. i. d. Klimatol. Deutschl. V. Dr. R. Hennig. 2. Aufl. Mit 48 Abb. (Bd. 349.)
— **Einführung in die Wetterkunde.** Von Prof. Dr. A. Weber. 3. Aufl. Mit 28 Abb. u. 3 Taf. (Bd. 55.)

Wirbeltiere. Vergleichende Anatomie der Sinnesorgane der W. Von Prof. Dr. W. Lubosch. Mit 107 Abb. (Bd. 282.)

Zellen- und Gewebelehre siehe Anatomie des Menschen, Biologie.

Zoologie f. Abstammungsl., Aquarium, Bienen, Biologie, Schädlinge, Tiere, Urtiere, Vogelleben, Vogelzug, Weidwerk, Wirbeltiere.

VI. Recht, Wirtschaft und Technik.

Agrikulturchemie. Von Dr. P. Krische. 2. verb. Aufl. Mit 21 Abb. (Bd. 314.)

Angestellte siehe Kaufmännische A.

Antike Wirtschaftsgeschichte. Von Dr. O. Neurath. 2. umgearb. Aufl. (258.)
— siehe auch Antikes Leben Abt. IV.

Arbeiterschutz und Arbeiterversicherung. V. Geh. Hofrat Prof. Dr. O. v. Zwiedineck-Südenhorst. 2. Aufl. (78.)

Arbeitsleistungen des Menschen, Die. Einführ in b. Arbeitsphysiologie. V. Prof. Dr. H Boruttau. M. 14 Fig. (Bd. 539.)
— **Berufswahl, Begabung u. A. in ihren gegenseitigen Beziehungen.** Von W. F. Ruttmann. 2 A. M. 7 Abb. (Bd. 522.)

Arzneimittel und Genußmittel. Von Prof. Dr. O. Schmiedeberg. (Bd. 363.)

Baukunde f. Eisenbetonbau.

Baukunst siehe Abt. III.

Beleuchtungswesen. Von Ing. Dr. H. Lux. Mit 54 Abb. (Bd. 433.)

Berufswahl siehe Arbeitsleistungen.

Bevölkerungswesen. Von Prof. Dr. L. von Bortkiewicz. (Bd. 670.)

Bierbrauerei. Von Dr. A. Bau. Mit 47 Abb. (Bd. 338.)

Bilanz f. Buchhaltung u. B.

Brauerei f. Bierbrauerei.

Buch. Wie ein B. entsteht. V. Prof. A. W. Unger. 5. Aufl. M. 9 Taf. u. 26 Abb. im Text (Bd. 175.)
— f. a. Schrift- u. Buchwesen Abt. IV.

Buchhaltung u. Bilanz, Kaufm., und ihre Beziehungen z. buchhalter. Organisation, Kontrolle u. Statistik. V. Dr. P. Gerstner. 3. Afl. M 4 schemat. Darst. (507.)
— **Buchhalterische Organisation (Selbstkostenkontrollbuchführung).** Von Dr. P. Gerstner. [In Vorb. 1921.]

Dampfkessel siehe Feuerungsanlagen.

Dampfmaschine, Die. Von Geh Bergrat Prof. R. Vater. 2 Bde. I: Wirkungsweise d. Dampfes i. Kessel u. i. d. Masch. 4. Afl. M. 37 Abb. (393.) II: Ihre Gestalt u. Verwend. 3. Aufl. Von Privatdoz. Dr. F. Schmidt. M. 94 Abb. (394.)

Desinfektion, Sterilisation und Konservierung. Von Reg.- und Med.-Rat Dr. O Solbrig. Mit 20 Abb. (Bd. 401.)

Drähte u. Kabel, ihre Anfertig. u. Anwend. i. d. Elektrotech. V. Ober-Post-Insp. H. Brick. 2. Aufl. M. 43 Abb. (Bd. 285.)

Dynamik f. Mechanik, Thermodynamik.

Eisenbahnwesen. Von Dr. P. Von Eisenbahnbau- u. Betriebsinsp. a. D. Der-Ing. E. Biedermann. 3. verb.A. M. 62 Abb. (144.)

Eisenbetonbau, Der. V. Dipl.-Ing. G. Haimovici. 2. Aufl. Mit 82 Abb. i. T. sowie 6 Rechnungsbeisp. (Bd. 275.)

Eisenhüttenwesen, Das. Von Geh. Bergr. Prof. Dr. H. Wedding. 6. Aufl. v. Bergass. F. W. Wedding. M. Abb. (20.)

Elektrische Kraftübertragung, Die. V. Ing. P. Köhn. 2 Aufl. M. 133 Abb. (Bd. 474.)
— **Maschinen.** Von Dipl.-Ing. M. Liwschitz. (Bd. 774.)

Elektrochemie. Von Prof. Dr. K. Arndt. 2. Aufl. Mit 37 Abb. i. T. (Bd. 234.)

Verzeichnis der bisher erschienenen Bände innerhalb der Wissenschaften alphabetisch geordnet

Elektrotechnik. Grundlagen d. E. V. Obering. U. Rotth. 3. A. M. 70 Abb. (391.)
— f. auch Drähte und Kabel, Maschinen, Telegraphie.
Erbrecht. Testamentserrichtung und E. Von Prof. Dr. F. Leonhard. (Bd. 429.)
Ernährung u. Nahrungsmittel f. Abt. V.
Farben u. Farbstoffe. J. Erzeug. u. Verwend. V Dr. A. Zart. 31 Abb. (Bd. 488.)
— siehe auch Licht Abt. V.
Fernsprechtechnik f. Telegraphie.
Feuerungsanlagen, Industr. u. Dampfkessel. 2. Aufl. in Vorbereit. 1921. (Bd. 348.)
Fördereinrichtungen. Von Obering. O. Bechstein. (Bd. 726.)
Frauenbewegung siehe Abt. IV.
Funkentelegraphie siehe Telegraphie.
Fürsorge f. Kriegsbeschädigtenfürs., Kinderfürsorge.
Gartenstadtbewegung, Die. Von Landeswohnungsinspektor Dr. H. Kampffmeyer. 2. Aufl. M. 43 Abb. (Bd. 259.)
Gefängniswesen f. Verbrechen.
Geldwesen, Zahlungsverkehr u. Vermögensverwalt. Von G. Maier. 2. Aufl. (398.)
— siehe auch Münze Abt. IV.
Genußmittel f. Arzneimittel, Tabak.
Gewerblicher Rechtsschutz i. Deutschland. V. Ing. Patentanw. B. Tolksdorf. (138.)
— siehe auch Urheberrecht.
Graphische Darstell., Die. Eine allgemeinverst. Einführ. i. d. Sinn u. d. Gebrauch d. Methode. Von Hofrat Prof. Dr. F. Auerbach. 2. Afl. M. 139 Abb. (437.)
Handel. Geschichte d. Welth. Von Realgymnasialdirektor Prof. Dr. M. G. Schmidt. 3. Aufl. (Bd. 118.)
— **Geschichte d. dtsch. Handels seit b. Ausgang d. Mittelalt.** V. Dir. Prof. Dr. W. Langenbeck. 2. A. M. 16 Tab. (237.)
Handfeuerwaffen, Die. Entwickl. u. Techn. V. Major R. Weiß. 69 Abb. (Bd. 364.)
Handwerk, D. deutsche, in f. kulturgeschichtl. Entwicklg. V. Geh. Schulr. Dir. Dr. E. Otto. 5. A. M. 23 Abb. a. 8. Taf. (14.)
Haushalt f. Desinfekt., Chemie, Physik; Nahrungsm. Bakter. Abt. V.
Häuserbau siehe Beleuchtungswesen, Wohnungswesen.
Hebezeuge. Hilfsmitt. z. Heben fester, flüff. u. gasf. Körper. V. Geh. Bergrat Prof. R. Vater. 2. Aufl. M. 67 Abb. (196.)
Holz, Das H., seine Bearbeitung u. seine Verwendg. V. Insp. J. Grohmann. Mit 39 Originalabb. i. T. (Bd. 473.)
Hotelwesen, Das. Von V. Dammetienne. Mit 30 Abb. (Bd. 331.)
Hüttenwesen siehe Eisenhüttenwesen.
Ingenieurtechnik. Schöpfungen d. I. der Neuzeit. Von Geh. Regierungsrat M. Geitel. Mit 32 Abb. (Bd. 28.)
Instrumente siehe Optische I.

Kabel f. Drähte und K.
Kälte, Die, ihr Wesen, i. Erzeug. u. Verwertg. V. Dr. H. Alt. M. 45 Abb. (311.)
Kaufmann. Das Recht des K. Ein Leitfaben f. Kaufleute, Studier. u. Juristen. V. Justizrat Dr. M. Strauß. (Bd. 409.)
Kaufmännische Angestellte. D. Recht d. t. A. V. Justizr. Dr. M. Strauß. (361.)
Kaufmännisches Rechnen. Von Oberlehrer K. Dröll. (Bd. 724.)
— **Höhere kaufm. Arithmetik.** Von Prof. I. Koburger. (Bd. 725.)
— **Lehrbuch der Rechenvorteile. Schnellrechnen u. Rechenkunst.** Von Ing. Dr. J. Boito. M. zahlr. Übungsbeisp. (739.)
— f. auch Rechenmaschine.
Kinderfürsorge. V. Prof. Dr. Chr. J. Klumker. (Bd. 620.)
Kinematographie. Von Dr. H. Lehmann. 2. Aufl. V. Dr. W. Merté. Mit 68 zum Teil neuen Abb. (Bd. 358.)
Klein- u. Straßenbahnen, Die. V. Obering. a. D. Oberlehrer A. Liebmann. M. 85 Abb. (Bd. 322.)
Kleintierzucht, Die. Von Fachl. f. Gartenbau und Kleintierzucht Joh. Schneider. Mit 59 Fig. i. T. u. a. 6 Taf.
— siehe auch Tierzüchtung. [(Bd. 604.)
Kohlen, Unsere. V. Bergass. V. Kukuk. 2. verb. Aufl. Mit 49 Abb. i. Text u. 1 Taf. (Bd. 396.)
Kolonialbotanik. Von Prof. Dr. F. Tobler. Mit 21 Abb. (Bd. 184.)
Kolonisation, Innere. Von M. Brenning. (Bd. 261.)
Konservierung siehe Desinfektion.
Konsumgenossenschaft, Die. Von Prof. Dr. F. Staudinger. 2. Aufl. (Bd. 222.)
— f. auch Mittelstandsbewegung, Wirtschaftliche Organisationen.
Kraftanlagen siehe Dampfmaschine, Feuerungsanlagen und Dampfkessel, Wärmekraftmaschine, Wasserkraft.
Kraftübertragung. Die elekt. V. Ing. V. Köhn. 2. Afl. M. 133 Abb. (Bd. 424.)
Krieg. Kulturgeschichte d. K. V. Prof. Dr. K. Weule, Geh. Hofrat Prof. Dr. E. Bethe, Prof. Dr. V. Schmeidler, Prof. Dr. A. Doren, Prof. Dr. V. Herre. (Bd. 561.)
Kriegsbeschädigtenfürsorge. In Verbindung mit Med.-Rat, Oberstabsarzt u. Chefarzt Dr. Rebentisch, Gewerbeschulbir. H. Back, Direktor des Städt. Arbeitsamts Dr. E. Schlotter hersg. v. Prof. Dr. S. Kraus, Leit. d. Städt. Fürsorgeamts für Kriegshinterblieb. in Frankfurt a. M. M. 2 Abbildgst. (523.)
Kriegsschiffe, Unsere. V. Geh. Marinebaur. a. D. E. Krieger. 2. Afl. v. Marinebaur. Fr. Schürer. M. 62 Abb. (889.)

Recht, Wirtschaft und Technik

Kriminalistik, Moderne. Von Amtsrichter Dr. A. Hellwig. M. 18 Abb. (Bd. 476.)
— f. a. Verbrechen, Verbrecher.

Landwirtschaft, Die deutsche. V. Dr. W. Claaßen. 2. Aufl. Mit 15 Abb. u. 1 Karte. (Bd. 215.)
— f. auch Agrikulturchemie, Kleintierzucht, Luftstickstoff, Tierzüchtung; Haustiere, Pflanzen, Tierkunde. Abt. V.

Landwirtschaftl. Maschinenkunde. V. Geh. Reg. Rat Prof. Dr. G. Fischer. 2. Afl. Mit 64 Abbildungen. (Bd. 316.)

Luftfahrt, Die, ihre wissenschaftlichen Grundlagen und ihre technische Entwicklung. Von Dr. R. Nimführ. 3. Aufl. b. Dr. Fr. Huth. M. 60 Abb. (Bd. 300.)

Luftstickstoff, Der, u. s. Verw. V. Prof. Dr. K. Kaiser. 2. A. M. 13 Abb. (313.)

Marx, Karl. Versuch e. Würdigung. V. Prof. Dr. R. Wilbrandt. 4. A. (621.)
— f. auch Sozialismus.

Maschinen f. Dampfmaschine, Elektrische Maschinen, Hebezeuge, Landwirtsch. Maschinenkunde, Wärmekraftmaschinen, Wasserkraftausnutzung, Fördereinrichtg.

Maschinenelemente Von Geh Bergrat Prof. K. Vater. 3. A. M. 175 Abb. (Bd. 301.)

Maße und Messen. Von Dr. W. Block. Mit 34 Abb. (Bd. 385.)

Mechanik. V. Prof. Dr. G. Hamel. 3 Bde. I. Grundbegriffe d. M. Mit 38 Fig. II. M. der festen Körper. III. M. d. flüff. u. luftförm. Körper. (Bd. 684/686.)
— **Aufgaben aus der technischen M.** f. d. Schul- u. Selbstunterr. V. Prof. R. Schmitt. M. zahlr. Fig. I. Statik u. Festigkeitslehre. 2. Aufl. M. zahlr. Ausg. u. Lösungen. II. Dynamik u. Hydraulik. 140 Aufg. u. Lös. (Bd. 558/559.)

Metallurgie. Von Dr.-Ing. K. Nugel. I. Leicht- u. Edelmetalle. II. Schwermetalle. (Bd. 446/447.)

Miete. Die, nach d. BGB. Ein Handbüchlein f. Juristen, Mieter u. Vermiet. V. Justizrat Dr. M. Strauß. 2. A. (194.)

Milch, Die, und ihre Produkte. Von Dr. A. Reiz. Mit 16 Abb. (Bd. 362.)

Mittelstandsbewegung, Die moderne. Von Dr. L. Müffelmann. (Bd. 417.)
— siehe auch Konsumgenoss., Wirtschaftl. Org.

Nahrungsmittel f. Abt. V.

Naturwissensch. u. Technik. Am lauf. Webstuhl d. Zeit. Überf. üb. b. Wirtgn. b. Entw. R. u. T. a. d. gef. Kulturleb. V. Geh. Reg.-Rat Prof. Dr. W. Launhardt. 3. Aufl. M. 3 Abb. (Bd. 23.)

Nautik. V. Dir. Dr. F. Möller. 2. Aufl. Mit 64 Fig. i. T. u. 1 Seekarte. (255.)

Optische Instrumente, Die. Lupe, Mikroskop, Fernrohr, photogr. Objektiv u. ihnen verw. Instr. Von Prof. Dr. M. v. Rohr. 3. Aufl. M. 89 Abb. (Bd. 88.)

Organisationen, Die wirtschaftlichen. Von Prof. Dr. E. Lederer. (Bd. 428.)

Ostmark, Die. Eine Einführ. i. d. Problem. ihrer Wirtschaftsgesch. Hrsg. von Prof. Dr. W. Mitscherlich. (Bd. 351.)

Patente u. Patentrecht f. Gewerbl. Rechtsch.

Perpetuum mobile, Das. V. Dr. Fr. Ichak. Mit 38 Abb. (Bd. 462.)

Photochemie. Von Prof. Dr. E. Kümmell. 2. Aufl. Mit 23 Abb. i. Text u. auf 1 Tafel. (Bd. 227.)

Photographie, Die, ihre wissensch. Grundl. u. i. Anwendg. V. Dipl.-Ing. Dir. Dr. O. Prelinger. 2. A. M. 64 Abb. (414.
— **Die künstlerische Ph.** Ihre Entwicklung, ihre Probleme, ihre Bedeutung. Von Studienrat Dr. W. Warstat. 2. verb. Aufl. Mit Bilderanh. (Bd. 410.)

Postwesen, Das. Von Oberpostrat O. Sieblist. 2. Aufl. (Bd. 182.)

Rechenmaschinen, Die, und das Maschinenrechnen. Von Reg.-Rat Dipl.-Ing. K. Lenz. Mit 43 Abb. (Bd. 490.)

Rechnen siehe kaufm. Rechnen.

Recht. Rechtsfragen des täglichen Lebens in Familie und Haushalt. Von Justizrat Dr. M. Strauß. (Bd. 219.)
— **Rechtsprobleme, Mod.** V. Geh. Justizr. Prof. Dr. J. Kohler. 2. Aufl. (Bd. 128.)
— f. auch Erbrecht, Gewerbl. Rechtsschutz, Kaufmann, Kaufm. Angest., Kriminalistik, Miete, Urheberrecht, Verbrechen, Verfassungsrecht, Zivilprozeßrecht.

Reichsverfassung siehe Verfassung.

Salzlagerstätten, Die deutschen, ihr Vorkommen, ihre Entstehung und die Verwertung ihrer Produkte in Industrie und Landwirtschaft. Von Dr. E. Riemann. Mit 27 Abb. (Bd. 407.)
— siehe auch Geologie Abt. V.

Schmuck, Die, u. d. Schmucksteinindustr. V. Dr A. Epler. M 64 Abb. (Bd. 376.)

Soziale Bewegungen u. Theorien b. z. mod. Arbeiterbew. V. G. Maier. 8. A. (Bd. 2.)
— f. a. Arbeiterschutz u. Arbeiterversicher.

Sozialismus. Die gr. Sozialisten. Von Dr. Fr. Muckle. 4. Aufl. I. Owen, Fourier, Proudhon. II. Saint-Simon, Pecqueur, Buchez, Blanc, Rodbertus, Weitling, Marx, Lassalle. (269, 270.)
— f. auch Marx; Rom, Soz. Kämpfe i. alt. R. Abt. IV.

Spinnerei, Die, Von Dir. Prof. M. Lehmann. Mit 35 Abb. (Bd. 338.)

Sprengstoffe, Die, ihre Chemie u. Technologie. V. Geh.-Reg.-Rat Prof. Dr. R. Biebermann. 2. Aufl. M. 12 Fig. (286.)

Staat siehe Abt. IV.

Statik. V. Gewerbeschulrat Reg.-Baum. Baugewerkschuldir. A. Schau. 2. Aufl. Mit 112 Fig. i. Text. (Bd. 828.)
— f. auch Festigkeitslehre, Mechanik.

Verzeichnis der bisher erschienenen Bände innerhalb der Wissenschaften alphabetisch geordnet

Statistik. V. Prof. Dr. S. Schott. 2. Aufl. (Bd. 442.)

Steuern, Die neuen Reichsst. Von Rechtsanwalt Dr. E. Decke. (Bd. 767.)

Strafe und Verbrechen. Geschichte u. Organis. d. Gefängniswes. V. Strafanstaltsdir. Dr. med. V. Pollitz. (Bd. 323.)

Straßenbahnen. Die Klein- u. Straßenb. Von Oberingenieur a. D. Oberlehrer A. Liebmann. M. 85 Abb. (Bd. 322.)

Tabak. Der. Anbau, Handel u. Verarbeit. V. Jac. Wolf. 2., verb. u. ergänzte Aufl. Mit 17 Abb. (Bd. 416.)

Technik. Einführung in d. T. Von Geh. Reg.-Rat Prof. Dr. H. Lorenz. M. 77 Abb. im Text. (Bd. 729.)

— Die chemische T. Von Dr. A. Müller. 2. Aufl. Mit Abb. (Bd. 191.)

Techn. Zeichnen s. Zeichnen.

Telegraphie. D. Telegraph.- u. Fernsprechw. V. Oberpostr. Von O. Sieblist. 2. A. (183.)

— Telegraphen- und Fernsprechtechnik in ihrer Entwicklung. V. Oberpost-Insp. H. Brick 2. A. Mit 65 Abb. (Bd. 285.)

— Die Funkentelegr. V. Telegr.-Dir. Thurn. 5. Aufl. M. 51 Abb. (Bd. 167.)

— siehe auch Drähte und Kabel.

Testamentserrichtung und Erbrecht. Von Prof. Dr. F. Leonhard. (Bd. 429.)

Thermodynamik. Praktische. Aufgaben u. Beispiele zur technischen Wärmelehre. Von Geh Bergrat Prof. Dr. R. Vater. Mit 40 Abb. i. Text u. 3 Taf. (Bd. 596.)

— siehe auch Wärmelehre.

Tierzüchtung. Von Tierzuchtdirektor Dr. G. Wilsdorf. 2. Aufl. M. 23 Abb. auf 12 Taf. u. 2. Fig. i. T. (Bd. 369.)

— siehe auch Kleintierzucht.

Uhr, Die. Grundlagen u. Technik d. Zeitmess. V. Prof. Dr.-Ing. H. Bock. 2., umgearb Aufl. Mit 55 Abb. i. T. (Bd. 216.)

Urheberrecht. D. Recht a. Schrift- u. Kunstw. V. Rechtsanw. Dr. R. Mothes. (435.)

— siehe auch gewerblich. Rechtsschutz.

Verbrechen. Straf- und V. Geschichte d. Organisation d. Gefängniswesens. V. Strafanst.-Dir Dr med. V Pollitz. (Bd. 323.)

— Moderne Kriminalistik. V. Amtsrichter Dr. A Hellwig. M. 18 Abb. (Bd. 476.)

Verbrecher. Die Psychologie des V. (Kriminalpsych.) V. Strafanstaltsdir. Dr. med. V. Pollis. 2. A. M. 5 Diagr. (Bd. 248.)

Verfassung. Die neue Reichsverfassung. V. Privatdoz. Dr. O. Bühler. (Bd. 762.)

— siehe auch Steuern, die neuen Reichsst.

Verfassung, Verfassg. u. Verwalt. d. deutsch. Städte. Von Dr. M. Schmid. (466.)

— Deutsch. Verfassgsr. i. geschichtl. Entw. V. Prof. Dr. E. Hubrich. 2. A. (Bd. 80.)

— Deutsche Verfassungsgeschichte vom Anfange des 19. Jahrh. b. z. Gegenw. V Prof. Dr. M. Stimming. (639.)

Verkehrsentwicklung i. Deutschl. seit 1800 fortges. b. z. Gegenw. Von Geh. Hofr. Prof. Dr. W. Lotz. 4., verb. Aufl. (15.)

Versicherungswesen. Grundzüge des V. (Privatversicher.). Von Prof. Dr. A. Manes. 3., veränd Aufl. (Bd. 105.)

Volkswirtschaftslehre. Grundzüge der V. Von Prof. Dr. G. Jahn. (Bd. 593.)

Wald, Der deutsche. V. Prof. Dr Hausrath. 2. A. Bilderanh. u. 2 Kart. (153.)

Wärmekraftmaschinen, Die neueren. Von Geh. Bergrat Prof. R. Vater. 2 Bde. I: Einführung in die Theorie u. d. Bau d. Gasmasch. 5. Aufl. M. 41 Abb. (Bd. 21.) II: Gaserzeuger, Großgasmasch., Dampfu. Gasturb. 4. Aufl. M. 43 Abb. (Bd. 86.)

Wärmelehre, Einf. i. d. techn. (Thermodynamik) V. Geh. Bergr. Prof. R. Vater. 2. Aufl. von Dr. F. Schmidt. (516.)

— s. auch Thermodynamik.

Wasser, Das. Von Geh. Reg.-Rat Dr. O. Anselmino. Mit 44 Abb. (Bd. 291.)

— s. a. Luft, Wass., Licht, Wärme Abt. V.

Wasserkraftausnutzung u. -maschinen. V. Dr.-Ing. F Lawaczek. (Bd. 732.)

Weidwerk. D d'che. V Forstmeist. G. Frhr. v. Nordenflycht. M. Titelb. (436.)

Weinbau und Weinbereitung. Von Dr. J. Schmitthenner. 34 Abb. (Bd. 332.)

Wirtschaftlichen Organisationen, Die. Von Prof Dr. E. Lederer. (Bd. 428.)

— s. Konsumgenoss., Mittelstandsbeweg.

Wirtschaftsgeographie. Von Prof Dr. J. Heiderich. (Bd. 633.)

Wirtschaftsgeschichte vom Ausgange d. Antike bis zum Beginn des 19. Jahrhunderts. Mittl. Wirtschaftsgeschichte. V. Prof. Dr H. Sieveking. (577.)

— s a Antike V., Ostmark.

Wirtschaftsleben. Deutsch. Auf geograph Grundl. gesch. v. Prof. Dr. Chr. Gruber. 4. A. d. Dr. H. Reinlein. (12.)

— Die Entwicklung des deutschen Wirtschaftslebens i. letzten Jahrh. V. Geh. Reg.-Rat Prof. Dr. L. Pohle 4. A. (57.)

Wohnungswesen. Von Prof. Dr. R. Eberstadt. (Bd. 709.)

Zeichnen, Techn. V. Reg.- u. Gewerbeschulr. Prof Dr. R. Horstmann. (Bd. 548.)

Zeitungswesen. V. Dr. H. Diez. 2. Aufl. (Bd. 828.)

Zivilprozeßrecht. Das deutsche. Von Justizrat Dr. M. Strauß. (Bd. 315.)

═══ Weitere Bände sind in Vorbereitung. ═══

MIX
Papier aus verantwortungsvollen Quellen
Paper from responsible sources
FSC® C105338

If you have any concerns about our products,
you can contact us on
ProductSafety@springernature.com

In case Publisher is established outside the EU,
the EU authorized representative is:
**Springer Nature Customer Service Center GmbH
Europaplatz 3, 69115 Heidelberg, Germany**

Printed by Libri Plureos GmbH
in Hamburg, Germany